云服务器运维之Windows篇

杨洋 李斯达 陈亮 徐元 李峥嵘 常峰 游勇 著

电子工业出版社

Publishing House of Electronics Industry

北京·BEIJING

内 容 简 介

"阿里云数字新基建系列"丛书包括5本书,涉及Kubernetes、混合云架构、云数据库、CDN原理与流媒体技术、云服务器运维（Windows）,囊括了领先的云技术知识与阿里云技术团队独到的实践经验,是国内IT技术图书又一重磅作品。

本书是阿里云上Windows服务器使用及实践的技术结晶,全书共11章,分为三篇,第一篇为基础篇,主要介绍在阿里云上使用Windows系统的运维操作和最佳实践;第二篇为进阶篇,主要讲述Windows各类典型问题以及线上有代表性的真实案例;第三篇为终极高手篇,主要介绍常用的调试工具和调试方法,包括用调试工具分析CPU性能等问题,通过调试工具解决死机问题等。

图书在版编目（CIP）数据

云服务器运维之 Windows 篇 / 杨洋等著. —北京:电子工业出版社,2022.1
（阿里云数字新基建系列）

ISBN 978-7-121-42599-8

Ⅰ. ①云… Ⅱ. ①杨… Ⅲ. ①Windows 操作系统—网络服务器 Ⅳ. ①TP316.86

中国版本图书馆 CIP 数据核字（2022）第 014734 号

责任编辑:张彦红　　　　　特约编辑:田学清
印　　　刷:北京瑞禾彩色印刷有限公司
装　　　订:北京瑞禾彩色印刷有限公司
出版发行:电子工业出版社
　　　　　北京市海淀区万寿路 173 信箱　　　　　邮编:100036
开　　本:720×1000　　1/16　　印张:12.25　　字数:205.8 千字
版　　次:2022 年 1 月第 1 版
印　　次:2022 年 1 月第 1 次印刷
定　　价:69.00 元

凡所购买电子工业出版社图书有缺损问题,请向购买书店调换。若书店售缺,请与本社发行部联系,联系及邮购电话:(010) 88254888,88258888。

质量投诉请发邮件至 zlts@phei.com.cn,盗版侵权举报请发邮件到 dbqq@phei.com.cn。

本书咨询联系方式:010-51260888-819,faq@phei.com.cn。

编委会

顾　　问：李　津、蒋江伟、张　卓、蒋林泉、万谊平

主　　编：万谊平

执行主编：张　雯、王　超

策　　划：周裕峰

撰　　写：杨　洋、李斯达、陈　亮、徐　元、李峥嵘、常　峰、游　勇

致　　谢：江　舟、郑旭东、李一帅、李　刚、杨牧原、石　斌、陈伟宸、
　　　　　李苏民、张彦红、李　玲、胡龙胜、王俊杰、赖奕安、尤金鑫、
　　　　　白辉万、梁　栋、陈　阳、赵宇飞、杨雪城

推荐语

数字经济是未来的发展方向，智能创新是经济腾飞的翅膀。云计算在云厂商、开源社区、各行各业技术团队的共同努力下，作为数字经济的技术基础设施，伴随着 5G、人工智能、智慧城市等新技术、新业态、新平台蓬勃兴起。云上技术和业务创新恰逢其时，必将助推各行各业的业务向数字化转型。其中云服务器带来的技术和架构优势，使得企业和开发者得以高效选择、运行、维护基础设施，并充分享受数据可靠性保障、弹性扩展等云计算特性带来的技术红利。本书作为阿里云专业云服务器团队宝贵经验的总结，将 Windows 云服务器的原理、运维、迁移上云最佳实践和内核调试等集于一身，相信一定可以帮助广大技术人员在拥抱云服务器的道路上走得更顺、更稳。

李津 阿里巴巴集团副总裁 阿里云全球技术服务部总经理

云计算是这个时代最伟大的发明之一。在云计算之前各种 IT 设备是通过各种标准化接口来进行整合的。标准化意味着将一个武功高手变成了一个普通的士兵，而云计算的出现很好地解决了如何让每个士兵变成高手，同时可以实现规模化的难题。利用这些标准化的技术，云计算通过将各种物理设备服务化，由最"牛"的一批专家来进行设计、架构、研发，使得这些技术完成了从简单整合到深度融合的过程。用户在使用云计算的时候，和过去相比体验更好，性能更好，更加安全，成本反而更低。在云上，由于客户数量非常多，场景也非常繁杂，本书作者作为阿里云技术专家，经常会遇到一些比较刁钻的问题，凭借对 Windows 服务器的原理和架构设计的了解，通过长期规模化的运维，解决了诸多技术问题。他们期望将诊断过程中所积累的经验分享给更多的技术人。

蒋江伟 阿里巴巴集团副总裁 阿里云基础产品事业部总经理

基于云原生+Windows 系统，构建安全、敏捷、开放的企业 IT 架构，重塑核心业务并最终帮助企业提升核心竞争力，是绝大多数企业用户上云面临的核心课题。

在过去的十多年中，我们持续陪伴千行百业的云上企业用户拥抱云原生技术，积累了大量的实践经验。本书从 Windows 云服务器的技术原理、内核调优、实践三方面，结合真实案例进行了全面细致的阐述。相信从事数字化转型的架构师、开发者和运维人员，都能从本书中有所收获。

　　张卓　阿里巴巴集团研究员　阿里云全球技术服务部平台技术负责人

由于传统的企业 IT 生态惯性，企业在上云的过程中，云上 Windows 的镜像、运维、服务就变成不可或缺的一个云客户服务场景。本书的作者都是在阿里云一线耕耘多年的云计算资深技术和服务专家，将无数客户实际场景问题的解决方案和实战经验凝聚成本书。

如果您想了解和学习云上 Windows 运维的专业知识，千万不要错过本书。

　　蒋林泉　阿里云基础产品事业部神龙计算平台负责人

随着数字新基建的不断深入，信息技术基础设施已经成为企业在数字化转型浪潮中的核心竞争力。为了应对快速变化的市场，传统 IT 架构正在向云计算架构转变。阿里云全球技术服务部将 Windows 云服务器的技术原理与客户侧疑难诊断案例相结合，希望帮助广大企业在落地云服务器的进程中做好充分的技术准备，最大化实现数字化转型的价值。

　　万谊平　阿里云智能公共云专家服务负责人

前言

云计算具有低成本、数据安全高、易扩展、弹性好等优点，是一个支持在网络上存储大量数据的低成本解决方案，越来越多的客户选择迁移上云。企业客户在把线下业务迁移到云上之后，需要解决的关键问题就是如何用好云上资源，如何解决弹性的问题，如何运维云服务器，云上服务器遇到问题后该如何解决。目前在云上对 Windows 服务器的需求正在飞速增长，掌握 Windows 运维的重要性不言而喻。

相对于 Linux 系统，Windows 底层系统属于黑盒，故其操作和运维存在较大的难度，当前市面上也鲜有关于 Windows 运维诊断的书籍。本书从 Windows 各个模块出发，向读者介绍各模块的技术原理以及如何在实战中解决遇到的各类 Windows 问题。因此本书不仅适合希望高效运维 Windows 服务器的工程师阅读，对希望了解 Windows 组件、内核原理的工程师也有非常重要的借鉴意义。

关于本书

本书是阿里云上 Windows 服务器运维及实践的技术结晶，分别展开介绍了云服务器的运维、监控、问题排查、内核调试等方面，从技术原理到线上真实案例，是众多阿里云技术专家多年在云服务器领域的经验与总结。

本书共 11 章，分为三篇，第一篇为基础篇，主要介绍在阿里云上使用 Windows 服务器的运维操作和最佳实践，包括使用云助手批量运维服务器、使用 Windows 服务器自助诊断功能，以及使用 Windows 镜像及迁移上云的最佳实践。

第二篇为进阶篇，主要讲述 Windows 各组件技术原理以及线上有代表性的真实案例，包括 Windows 服务器的启动、登录过程，远程桌面连接的使用和排查，激活 Windows 服务器，系统时间同步和 Windows 更新补丁的过程。

第三篇为终极高手篇，主要介绍非常有用的调试工具和调试方法，包括用性能调试工具 WPA 分析 CPU、内存等系统性能瓶颈问题，内核调试工具 WinDbg 的安装使用，以及通过内核调试工具排查服务器蓝屏、异常死机等问题。

致谢

首先，感谢"阿里云数字新基建系列"丛书的编委会，感谢各位专家顾问，包括：李津、蒋江伟、张卓、蒋林泉、万谊平、张雯、王超，感谢他们在本书编写过程中给予的指导和建议；同时感谢所有在本书编写和编辑过程中给予帮助的同事，包括阿里云全球技术服务部的江冉、李一帅、杨牧原、石斌、陈伟宸、李苏民、陈阳、赵宇飞、杨雪城，阿里云产品事业部的郑旭东、李刚、王俊杰、赖奕安、尤金鑫、白辉万、胡龙胜、梁栋，感谢你们的支持，使这本书顺利完成。

其次，感谢阿里巴巴技术委员会的导师们，如果没有你们的技术视野和技术领导力，本书的内容不可能有这样的高度。同时感谢我的家人蒋宇聪在本书编写过程中给予的支持。

最后，感谢电子工业出版社博文视点的张彦红、李玲等老师，感谢你们的审阅、建议和支持，如果没有你们在图书的编辑和出版过程中给予的帮助和支持，本书不会有这样的专业度。

本书作者代表　杨洋

2021 年 11 月

目录

第三篇　终极高手篇

第一篇
基础篇

## 第 1 章

Windows 概述

Windows 第一代操作系统在 1985 年发布,在此之后的 30 多年时间中,Windows 操作系统更新迭代了很多版本。截至 2021 年 9 月, 用于个人计算机(PC)的 Windows 系统的最新版本是 Windows 10, 用于服务器的 Windows 系统的最新版本是 Windows Server 2019。本章主要介绍 Windows 操作系统的发展历史、历代版本以及 Windows 服务器在云上的实际应用运维等。

1.1　Windows 操作系统的发展历史

Windows 又称为 Windows 操作系统、微软 Windows 操作系统, 是由微软公司推出的用于 PC 和服务器的操作系统。微软公司在 1983 年宣布研制 Windows, 在 1985 年发布了第一代 Windows 操作系统, 又称为 Windows 1.0。Windows 1.0 是微软公司的第一代图形用户界面操作系统, 运行在 MS-DOS[①]之上, 运行组件包括计算器、日历、时钟等。

[①] 1980 年西雅图计算机产品公司的一名程序员编写出 86-DOS 操作系统,1981 年微软公司买下 86-DOS 著作权, 并更名为 MS-DOS。

Windows 2.0 发布于 1987 年，提升了用户交互及内存管理功能。Windows 2.0 实现了虚拟内存，使得应用程序可以使用大小超过物理内存的虚拟内存。早期版本的 Windows 通常被看作运行在 MS-DOS 系统中的图形界面，因为它们都运行在 MS-DOS 系统之上。

Windows 3.0 发布于 1990 年，进一步改进了用户交互界面，提升了虚拟内存空间，Windows 3.0 推出后的 6 个月之内卖出了 2 万份 Windows 3.0。之后的新版本增加了对多媒体及 CD（全称为 Compact Disc，又称为激光唱片）光盘的支持。Windows 3.0 需要至少 1MB 的物理内存，6～8MB 的硬盘剩余空间，Windows 1.0、Windows 2.0 和 Windows 3.x 都是 16 位的操作系统。

Windows 95 发布于 1995 年。Windows95 仍然基于 MS-DOS，但是引入了对 32 位应用程序的支持，同时改进了用户交互界面，增加了开始菜单、任务栏等界面元素。之后在 1998 年发布了 Windows 98，2000 年发布了 Windows 2000 和 Windows Me 版本。

Windows XP 是基于 Windows NT[①]的操作系统，发布于 2001 年。Windows XP 主要有两个版本：家庭版和专业版，家庭版主要面向个人用户，专业版主要面向企业。Windows XP 是截至 2021 年 9 月支持周期最长的操作系统，直到 2014 年才停止支持。Windows XP 对应的服务器版本 Windows Server 2003 发布于 2003 年。2005 年微软公司又发布了 Windows Server 2003 R2 版本。Windows XP 的图形界面如图 1-1 所示。

---

① Windows NT（New Technology，新技术）不同于 MS-DOS，是微软公司推出的另一系列操作系统，最早发布于 1993 年，Windows XP 之后的操作系统版本都是以 Windows NT 为基础的，包括 Windows 7、Windows 8 及 Windows 10。

图 1-1　Windows XP 的图形界面

Windows Vista 发布于 2006 年，该版本操作系统对安全功能进行了很多改进，Windows Vista 对应的服务器版本 Windows Server 2008 发布于 2008 年。

Windows 7 发布于 2009 年，其对应的服务器版本 Windows Server 2008 R2 于 2009 年同一时间发布，该版本操作系统的性能更加稳定。Windows 7 共有 6 个版本，其中家庭高级版和专业版主要面向个人、家庭用户和小型企业，旗舰版主要面向高端用户和软件爱好者。其他三个版本不零售，其中入门版和家庭普通版通过 OEM（Original Equipment Manufacturer，原始设备供应商）渠道提供，企业版仅通过与微软公司有软件授权合约的公司进行批量许可出售。Windows 7 的图形界面如图 1-2 所示。

图 1-2　Windows 7 的图形界面

Windows 8 发布于 2012 年，该版本操作系统在用户图形界面上做了很大改动，移除了开始按钮和开始菜单栏，Windows 8 对应的服务器版本 Windows Server 2012 发布于 2012 年。Windows 8.1 作为 Windows 8 的升级版，于 2013 年发布。Windows 8.1 的图形界面如图 1-3 所示。

图 1-3　Windows 8.1 的图形界面

微软公司在 2014 年宣布研制 Windows 10，在 2015 年发布了 Windows 10 操作系统。该版本操作系统设计了一个新的开始菜单，包含了 Windows 7 中传统的开始菜单以及 Windows 8 的应用程序磁贴形式。Windows 10 对应的服务器版本 Windows Server 2016 于 2016 年发布，最新版本的服务器操作系统 Windows Server 2019 于 2018 年发布。Windows 10 的图形界面如图 1-4 所示。

图 1-4　Windows 10 的图形界面

1.2 Windows 操作系统历代版本

Windows 操作系统支持多种架构，包括 x86[①]、x64[②]、IA-64（Intel Itanium Architecture，英特尔安腾架构）等，早期版本的 Windows，比如 Windows 1.0、Windows 2.0 和 Windows 3.0 只支持 16 位架构，Windows 95 之后开始支持 x86 架构，Windows Server 2003 之后的服务器版本均支持 x64 架构，Windows 2000 开始支持 IA-64 架构。Windows 操作系统历代版本及支持的架构如表 1-1 所示。由于 IA-64 实际使用相对较少，表 1-1 仅介绍各 Windows 操作系统版本对 16 位、x86 及 x64 架构的支持情况。

表 1-1　Windows 操作系统历代版本及支持的架构

年　　份	16 位架构	x86 架构	x64 架构
1985 年	Windows 1.0		
1987 年	Windows 2.0		
1990 年	Windows 3.0		
1995 年	Windows 95	Windows 95	
1998 年	Windows 98	Windows 98	
2000 年		Windows 2000	
2000 年		Windows 2000	
2001 年		Windows XP	
2003 年		Windows Server 2003	Windows Server 2003
2006 年		Windows Vista	Windows Vista
2008 年		Windows Server 2008	Windows Server 2008
2009 年		Windows 7	Windows 7
2009 年		Windows Server 2008 R2	Windows Server 2008 R2
2012 年		Windows 8	Windows 8
2012 年		Windows Server 2012	Windows Server 2012
2013 年		Windows 8.1	Windows 8.1
2013 年		Windows Server 2012 R2	Windows Server 2012 R2
2015 年		Windows 10	Windows 10
2016 年		Windows Server 2016	Windows Server 2016
2018 年		Windows Server 2019	Windows Server 2019

[①] x86 是指一系列基于 Intel 8086 处理器的指令集架构，其中 32 位架构又称为 IA-32（Intel 32）或者 x86，本书中出现的 x86 均表示 32 位架构。

[②] x64 表示 64 位架构。

1.3 Windows 服务器在云上的应用

Windows 服务器在云上的应用非常广泛，目前各云计算厂商均支持 Windows 操作系统，包括阿里云、华为云、腾讯云、AWS（Amazon Web Services，亚马逊云科技）、谷歌云以及微软公司自己的云计算 Azure 等。

目前各云计算厂商支持的 Windows 操作系统版本大多是 Windows 服务器版本，部分云厂商支持 Windows 10。以阿里云为例，官方支持的 Windows 操作系统版本为 Windows Server 2019、Windows Server 2016、Windows Server 2012（R2）、Windows Server 2008（R2）、Windows Server 2003，由于微软公司已经停止对 Windows Server 2008（R2）和 Windows Server 2003 的支持，阿里云最新版本的官方镜像已经不包含 Windows Server 2008（R2）和 Windows Server 2003 版本，对于之前创建的 Windows Server 2008（R2）和 Windows Server 2003 服务器，建议尽快升级到高版本的 Windows 服务器。

Windows 服务器的使用及运维在云上和在本地有一些不同之处，第 2 章将会具体介绍在云上如何高效运维和监控 Windows 服务器，第 3 章将会具体介绍在云上使用 Windows 服务器最佳实践。

Windows 服务器运维与监控

本章将重点介绍 Windows 服务器在云上的运维手段及结合云产品的监控方式，将为读者呈现一个不一样的 Windows 服务器云上运维、监控视角，帮助读者在实际企业运营过程中利用云厂商提供的产品实现 Windows 服务器的全方位掌控。

2.1 Windows 服务器运维

2.1.1 概述

相比于传统的 Windows 服务器，云上 Windows 服务器有着更好的可运维性，因为大部分云厂商会针对 Windows 服务器体系进行设计，使得云特性与 Windows 服务器巧妙结合，本节将重点介绍运维架构设计、运维应急方案、运维实战案例。

2.1.2 运维架构

Windows 服务器属于闭源系统，由于其提供的管理 API 较多，所以在可运维性上可圈可点，加上云上运维的维度与产品众多，极大地拓宽了 Windows 服务器云上运维的选择面。

在考虑 Windows 服务器运维架构时，首先要了解云上使用 Windows 服务器主要涉及的维度：

- 整机维度：与 Linux 系统无异，以阿里云 ECS 为例，即代表着机器本身的开关机状态、平台维护状态、平台安全问题等，包括 ECS 快照、镜像管理等。

- 系统维度：与平台级维度无关，主要对 VNC 界面（虚拟连接控制台，是各个云厂商提供的基于平台的带外管理界面）、远程登录（RDP，即远程桌面协议）、性能监控等进行设计。

- 业务维度：围绕业务本身的生命周期设计修复、灾备、应急等流程。

- 底层维度：针对云厂商的特性选择云产品进行保障，比如设计一定的事件监控与告警机制，对于相关高可用业务设置自动运维。

- SLA 维度：针对以上所有的维度来说，运维体系中还有最重要的一环就是可用性基线（或称标准），主要用于评定整体运维的质量与制定持续改进的方向，这一维度也可以通过云监控的自定义大盘配合报警服务来实现。

综上所述，Windows 服务器运维架构如图 2-1 所示。

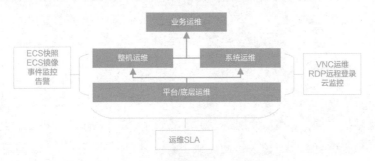

图 2-1　Windows 服务器运维架构

2.1.3 运维实践

2.1.3.1 整机维度实践

在 Windows 服务器运维的整机维度实现方面，推荐以下方案：

（1）采用云盘。采用云盘可以在 Windows 服务器上实现类似于微软故障转移集群迁移的效果（该效果一般由平台触发），相当于拥有了支持在线迁移的"共享存储"功能（不具备多路径功能）。

（2）定期快照策略：有了云盘，同时就具备了快照功能。快照是整机维度运维的灵魂。根据业务重要性，兼顾成本来设计快照的周期尤为重要。阿里云上提供了比较完整的快照策略设置方法。在 Windows 服务器场景下建议尽可能在每个月的第二周及第四周的周二的 UTC 时间 17:00～18:00 前做一次快照，因为这个时间段微软会进行补丁推送，补丁下发到云厂商的更新服务器上大致也是在这个时间段。很多服务器可能因此会进入更新周期，若刚好是业务高峰期，可能影响业务。在快照场景下如果影响业务，可以立即恢复快照。阿里云创建快照策略界面如图 2-2 所示。

- 变更前快照策略：正如"定期快照策略"所述，Windows 服务器有着特殊的补丁更新机制，且大部分补丁非热补丁（无法做到在线不关机升级）。然而补丁更新后会直接变更某些系统核心文件，对于稳定性来说存在较大风险，在确保安全的情况下建议每次进行 Windows 服务器变更（比如补丁更新）前都进行一次快照，当因为变更导致系统异常时可进行回滚，从而保证运维 SLA。

- 滚动镜像迭代：镜像更新体现了"母盘思维"。操作系统的快速部署、快速恢复都离不开镜像。特别是在扩容场景下，鉴于 Windows 服务器的闭源性以及变更复杂度，建议每次完成平台级变更时都进行镜像的更新，以便于下一次的快速部署与恢复。而阿里云 OOS 提供的镜像更新功能就可以很好地轻量迭代镜像，如图 2-3 所示。

图 2-2　阿里云创建快照策略界面

图 2-3　阿里云 OOS 提供的镜像更新功能

2.1.3.2 系统维度实践

相对于整机维度，系统维度比较单一，一般从三个角度出发进行落地：

- 状态：建议使用阿里云云监控的事件告警功能，该功能提供了较为完善的事件列表，初始设计时可以以全部严重级别事件来进行告警，如图 2-4 所示，然后在日常运营过程中根据实际情况逐步收敛告警。

图 2-4　云监控事件告警

- 性能：状态维度类似布尔值（是与否），而性能维度类似数值（涉及阈值），关于这一层面的落地会在 Windows 服务器监控一节详细描述。

- 安全：安全维度在 Windows 服务器运维领域容易被忽略，而阿里云则提供了一个比较便利的方式来构建 Windows 服务器安全屏障，阿里云云安全中心的 Windows 系统漏洞界面如图 2-5 所示。

图 2-5　阿里云云安全中心的 Windows 系统漏洞界面

2.1.3.3　业务维度实践

由于业务维度从可用性角度来说与 Linux 无异，这里重点阐述变更类的运维，在业界可选的业务维度运维的产品很多，包含很多自动化、批量化脚本下发工具，但是其标准化成本很高，导致 Windows 服务器业务运维的成本呈现指数级增长。而在云上的 Windows 服务器运维比传统环境下的业务运维体验要好得多，这里以 ECS 为例，运维编排服务提供了基于 Windows Powershell 的命令下发功能，如图 2-6 所示。

图 2-6　运维编排服务

相比于 Windows 服务器的计划服务，运维编排服务提供平台级的运维下发服务，基本排除了系统本身的影响，提高了业务级的运维能力，与 Windows 服务器自带的计划任务、组策略等系统级运维方式相辅相成。

此外，除了批量操作方面实现变更的运维，日常的 Windows 服务器运维排障也建议采用一定的运维手段来进行监控（将在 2.2.3.1 节中详述）。

2.1.3.4　底层维度实践

底层维度的运维实践主要是建立系统事件（比如内部系统崩溃时的告警）与平台事件的优先级。一般来说，平台事件优先于系统事件，因为底层传递的信息会比系统内传递的信息纬度更高、更加精准，虽然在感知灵敏度上比系统本身的告警要低一些，但是综合考虑，平台事件更具备可运维性，也减少了大量的排障成本。平台事件的入口如图 2-7 所示。

图 2-7 平台事件

除了平台事件的设置（可参考 2.1.3.2 节相关告警设置），对于底层维度运维来说，对控制台面板的关注尤为关键，建议按以下步骤设置 Windows 服务器面板：

（1）对于所有 Windows 服务器类型的 ECS 进行打标（如统一加标签"Windows 服务器"）。

（2）对于所有 Windows 服务器类型的 ECS 进行云监控中的应用分组。

（3）在企业内部创建的 ECS 规范中声明好创建 Windows 服务器 ECS 应选择的标签与应用分组。

ECS 的控制台面板支持通过标签进行检索，但缺点是只能进行分地域查看，若要实现全地域查看，可以使用"资源组"功能，将 Windows 服务器归入同一资源组中，然后在资源管理器中进行状态检查，实现底层运行状态观察与运维（如微软公司提供的 System Center Operations Manager 解决方案）。

2.1.3.5 SLA 维度实践

Windows 服务器的 SLA 可用性运维可以通过多种方式在云平台落地，从云上的角度出发，这里有两个实践建议：

（1）安全可用性：阿里云直接提供了"安全基线"功能，定期进行基线检查即可从平台维度保证安全方面的 SLA 不下降，如图 2-8 所示。

（2）探活可用性：在 2.1.3.3 节中讲到提前对 Windows 服务器做应用分组，这不仅可在云监控中发挥作用（2.4 节会详细讲到），还可以针对应用分组进行可用性监控（路径为"云监控"→"应用分组"→单击对应应用分组即可进入对应分组的可用性监控设定界面），如图 2-9 所示。

图 2-8　基线检查

图 2-9　"创建可用性监控"界面

2.2　使用云助手运维 Windows 服务器

云助手是为云服务器 ECS（Elastic Compute Service，弹性计算服务）打造的云原生自动化运维工具，通过免密码、免登录、无须使用跳板机的形式，在 ECS 实例上实现批量运维、执行命令（Shell、Powershell 和 Bat）和发送文件等操作。典型的使用场景包括：安装或卸载软件、启动或停止服务、分发配置文件和执行一般的命令（或脚本）等。

云助手是一款开源的项目，欢迎访问项目地址，见链接 1 （本书正文中提及的见"链接 1""链接 2"等时，可添加封底【读者服务】处客服好友，发送"五位书号"获取链接）。

2.2.1　Windows 服务器常用自动化运维技术

Windows 一般有如下自动化运维方案：

（1）WinRM（Windows Remote Management，Windows 远程管理）：是 Windows 环境下基本的运维通道。

（2）Ansible：新出现的自动化运维工具，集合了众多运维工具的优点，实现了批量系统配置、批量程序部署、批量运行命令等功能。

（3）Powershell DSC（Desired State Configuration，配置管理平台）：基于 Powershell 配置管理 Windows。

云助手是阿里云的云原生自动化运维系统，相较于其他运维方案，云助手有如下优势：

（1）安全性。

① 云助手通过底层设备识别实例的唯一性。

② 支持任务历史审计。

（2）兼容性。

① 兼容云上的各类系统版本。

② 支持云上统一的 OpenAPI 接口。

（3）稳定性。

① 支持高并发请求，可同时运维数十万台服务器。

② 具有高可靠性。

2.2.2 使用云助手运维云上实例

使用云助手，可以实现批量自动化运维实例。ECS 提供控制台、CLI（Command-Line Interface，命令行界面）和 OpenAPI（Open Application Programming Interface，开放式应用程序接口）三种方式通过云助手实现运维操作，本节将介绍控制台和 OpenAPI 两种方式。更详细的介绍可以参见阿里云官网的帮助中心中的云助手相关教程。

2.2.2.1 控制台方式

登录 ECS 实例控制台，见链接 2（本书正文中提及的见"链接 1""链接 2"等时，可添加封底【读者服务】处客服好友，发送"五位书号"获取链接）。在左侧导航栏中，选择"运维与监控"→"发送命令/文件（云助手）"，如图 2-10 所示。

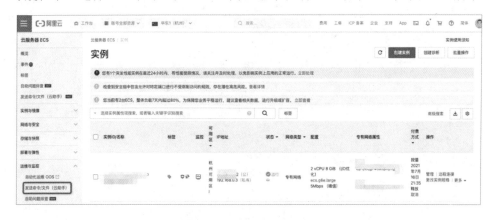

图 2-10　ECS 实例控制台

在弹出的云助手控制台中，单击"创建/执行命令"，如图 2-11 所示。

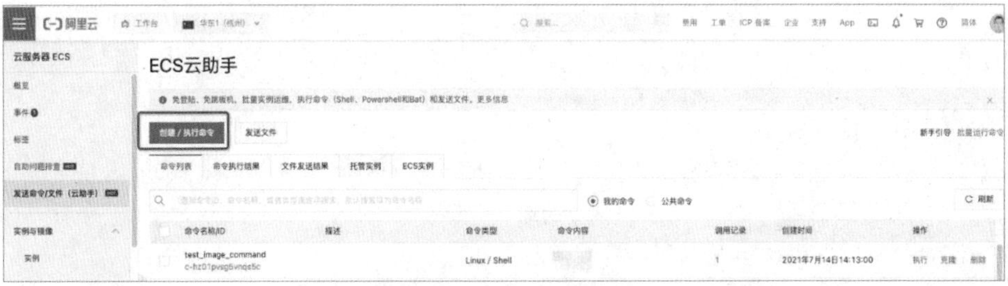

图 2-11　云助手控制台

在弹出的"创建命令"对话框中，填写需要执行的命令或脚本并选择需要运维的实例，单击"执行"按钮，如图 2-12 所示，云助手会立即将命令或脚本传送至指定实例上运行。

图 2-12　"创建命令"对话框

单击云助手控制台的"命令执行结果"选项卡，可以查看所有命令的运行状态。单击某条命令右侧的"查看"按钮，可以查看命令详细执行情况和输出结果，如图 2-13 所示。

图 2-13　云助手命令执行结果

2.2.2.2　OpenAPI 方式

以 Python 语言为例，在已安装 aliyun-python-sdk-ecs 2.1.2 或以上版本的 Python 开发环境中，执行以下示例脚本，可以自动化运维一例或者多例 ECS。

```
# coding=utf-8
# If the Python sdk is not installed, run 'sudo pip install aliyun-python-
sdk-ecs'.
# Make sure you're using the latest sdk version.
# Run 'sudo pip install --upgrade aliyun-python-sdk-ecs' to upgrade.

from aliyunsdkcore.client import AcsClient
from aliyunsdkcore.acs_exception.exceptions import ClientException
from aliyunsdkcore.acs_exception.exceptions import ServerException
from aliyunsdkecs.request.v20140526.RunCommandRequest import
RunCommandRequest
from aliyunsdkecs.request.v20140526.DescribeInvocationResults Request
import DescribeInvocationResultsRequest
import json
import sys
import base64
import time
import logging

# Configure the log output formatter
```

```python
logging.basicConfig(level=logging.INFO,
                format="%(asctime)s %(name)s [%(levelname)s]: %(message)s",
                datefmt='%m-%d %H:%M')

logger = logging.getLogger()

access_key = '<yourAccessKey ID>'              # 设置 AccessKey ID
access_key_secret = '<yourAccessKey Secret>'   # 设置 AccessKey Secret
region_id = '<yourRegionId>'                    # 实例所属地域 ID



client = AcsClient(access_key, access_key_secret, region_id)

def base64_decode(content, code='utf-8'):
    if sys.version_info.major == 2:
        return base64.b64decode(content)
    else:
        return base64.b64decode(content).decode(code)



def get_invoke_result(invoke_id):
    request = DescribeInvocationResultsRequest()
    request.set_accept_format('json')

    request.set_InvokeId(invoke_id)
    response = client.do_action_with_exception(request)
    response_detail = json.loads(response)["Invocation"]
["InvocationResults"]["InvocationResult"][0]
    status = response_detail.get("InvocationStatus","")
    output = base64_decode(response_detail.get("Output",""))
    return status,output



def run_command(cmdtype,cmdcontent,instance_id,timeout=60):
    """
    cmdtype: 命令类型: RunBatScript;RunPowerShellScript;RunShellScript
    cmdcontent: 命令内容
    instance_id: 实例 ID
    """
    try:
        request = RunCommandRequest()
        request.set_accept_format('json')
```

21

```python
        request.set_Type(cmdtype)
        request.set_CommandContent(cmdcontent)
        request.set_InstanceIds([instance_id])
        # 执行命令的超时时间，单位为 s,默认是 60s,请根据执行的实际命令来设置
        request.set_Timeout(timeout)
        response = client.do_action_with_exception(request)
        invoke_id = json.loads(response).get("InvokeId")
        return invoke_id
    except Exception as e:
        logger.error("run command failed")


def wait_invoke_finished_get_out(invoke_id,wait_count,wait_interval):
    for i in range(wait_count):
        status,output = get_invoke_result(invoke_id)
        if status not in ["Running","Pending","Stopping"]:
            return status,output
        time.sleep(wait_interval)

    logger.error("after wait %d times, still can not wait invoke-id %s
finished")
    return "",""

def run_task():
    # 设置云助手命令的类型
    cmdtype = "RunShellScript"
    # 设置云助手命令的内容
    cmdcontent = """
#!/bin/bash
yum check-update
"""
    # 设置超时时间
    timeout = 60
    # 设置实例 ID
    ins_id = "i-wz9bsqk9pa0d2oge****"
    # 执行命令
    invoke_id = run_command(cmdtype,cmdcontent,ins_id,timeout)
    logger.info("run command,invoke-id:%s" % invoke_id)

    # 等待命令执行完成,循环查询 10 次，每次间隔 5s，查询次数和间隔时间请根据实际情况设置
    status,output = wait_invoke_finished_get_out(invoke_id,10,5)
```

```
if status:
    logger.info("invoke-id execute finished,status:
%s,output:%s" %(status,output))


if __name__ == '__main__':
    run_task()
```

2.2.3　云助手云上运维最佳实践

本节将介绍使用云助手运维 Windows 服务器的一些常用场景，以及最佳实践方案。

2.2.3.1　使用云助手在 Windows 实例中安装 OpenSSH 程序

当系统内有自动化/批量安装程序的需求时，可使用云助手在不进入系统的条件下完成。下文以 OpenSSH 程序为例，介绍如何使用云助手在 Windows 服务器系统内部安装程序。

1. 前提条件

支持 Windows Server 2012 64 位及以上操作系统，确保 Windows 实例中的云助手可用， 实例需配置公网 IP，实例所在的安全组允许 SSH 协议默认的 22 端口流量通行。

2. 操作步骤

（1）打开云助手控制台，单击"创建/执行命令"按钮，参见图 2-11。

（2）如图 2-14 所示，在"创建命令"对话框中：

选择"命令来源"为"输入命令内容"；

选择"执行计划"为"立即执行"；

选择"命令类型"为"PowerShell"；

在"命令名称"和"命令描述"文本框中输入有意义的语句，如"Install OpenSSH""安装 OpenSSH"；

复制以下内容到"命令内容"框。

```
$curDir = $PSScriptRoot
Set-Location $curDir

# Check the OS version
$OSversion = [Environment]::OSVersion.Version
if ($OSversion.Major -lt 6 -and $OSversion.Minor -lt 1) {
    throw "This scrip is not supported on Windows 2008 or lower"
}

$Arch =([Array](Get-WmiObject -Query "select AddressWidth from Win32_
Processor"))[0].AddressWidth
if ($Arch -ne "64") {
    throw "Only 64-bit system architecture is supported"
}

function Check-Env() {
    $srv_status = (Get-WmiObject -Class win32_service -Filter "name=
'sshd'").Status
    if ( $srv_status -match "OK") {
        Write-Host "system already installed openssshd"
        exit
    }
}

function Download-File($file_url, $file_path) {
    if (Test-Path $file_path) { return; }
    [System.Net.ServicePointManager]::SecurityProtocol=[System.Net.Secur
ityProtocolType]::Tls12
    Invoke-WebRequest -Uri $file_url  -OutFile $file_path -
UseBasicParsing
    if (! $?) { throw "$file_url download to $file_path error" }
}

function Unzip-File($src_file, $dst_file) {
    Expand-Archive -Path $src_file -DestinationPath $dst_file
    if (! $?) { throw "Unzip $src_file to $dst_file error, please check" }
}
```

```powershell
function Install-Ssh() {
    & $sshdInstallPath
    if (! $?) {
        throw "Install openssh error, please check"
    }
    Set-Service -Name "sshd" -StartupType Automatic; Start-Service sshd
    if (! $?) {
        throw "set sshd enable auto start or start sshd error , please
check"
    }
}

function Clear-File($file_path) {
    if (Test-Path $file_path) {
        Remove-Item -Path $file_path -Force -ErrorAction:SilentlyContinue
        if (! $?) {
            throw "Clear $file_path error, please check"
        }
    }
}

function main() {
    Write-Host "Check system environment"
    Check-Env
    Write-Host "Download opensshd install package"
    Download-File $opensshUrl $sshdPath
    Write-Host "Unzip opensshd file to programdata"
    Unzip-File $sshdPath  $dataDir
    Write-Host "Install sshd"
    Install-Ssh
    Write-Host "Clear opensshd install package"
    Clear-File $sshdPath
    Write-Host "script execute success"
}

# visit and select openssh one version
https://github.com/PowerShell/Win32-OpenSSH/tags
$opensshUrl = "https://github.com/PowerShell/Win32-
OpenSSH/releases/download/V8.6.0.0p1-Beta/OpenSSH-Win64.zip"
$sshdPath = [io.path]::Combine($curDir, $opensshUrl.Split('/')[-1])
$sshdFile = $sshdPath.Split('\')[-1].Split('.')[0]
$dataDir = "C:\ProgramData"
```

```
$sshdInstallPath = [io.path]::Combine($dataDir, $sshdFile, "install-
sshd.ps1")

###
main
```

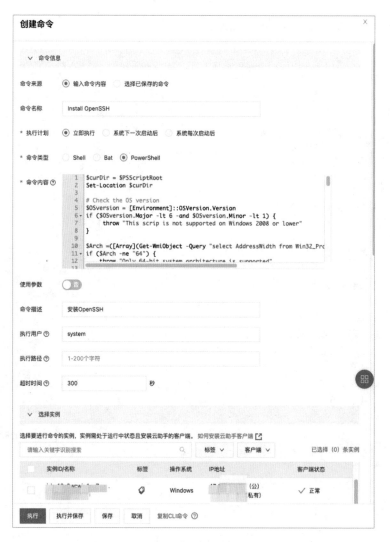

图 2-14 创建"安装 OpenSSH"命令

（3）超时时间建议设置为 300s（可根据网络情况调整），选择需要安装的实例，单击"执行"按钮。完成在指定实例内部安装 OpenSSH 程序。

2.2.3.2　使用云助手对 Windows 实例文件系统扩容

当云盘（系统盘或数据盘）使用空间不足时，可以扩充云盘的存储容量。下文介绍如何使用云助手，在不停止实例运行的情况下为 Windows 系统扩容云盘。

1. 前提条件

先在控制台对硬盘进行扩容，例如在线扩容，数据盘从原来的 30GB 扩容到 60GB。支持 Windows Server 2012 及以上版本系统，支持同时扩容系统盘和多个数据盘。

注意：硬盘扩容操作有风险，建议先创建快照备份。

2. 操作步骤

（1）打开云助手控制台，单击"创建/执行命令"按钮。

（2）如图 2-15 所示，在"创建命令"对话框中：

选择"命令来源"为"输入命令内容"；

选择"执行计划"为"立即执行"；

选择"命令类型"为"PowerShell"；

在"命令名称"和"命令描述"文本框中输入有意义的语句，如"Resize FileSystem""文件系统扩容"；

复制以下内容到"命令内容"框。

```
function Extend-Volume() {
    $alldisks = @(Get-Disk |sort Number).Number
    foreach ($i in @($alldisks)) {
        $cmd_args = echo ("select disk $i", "select volume $i", "Extend")
        $cmd_args |diskpart.exe |Out-Null
        if ($LASTEXITCODE -ne 0) {
            throw "Extend volume failed, please check"
        }
    }
```

```
    Write-Host "Extend volume success"
}
# try extend disk volume
Extend-Volume
```

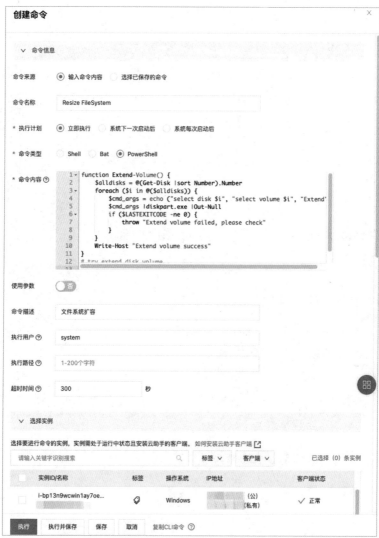

图 2-15　创建"文件系统扩容"命令

（3）超时时间建议设置为 300s（可根据网络情况调整），选择需要安装的实例，单击"执行"按钮。

2.2.3.3　使用云助手在 Windows 实例中安装 Python 环境

本节主要介绍如何使用云助手在 Windows 实例中安装 Python 程序。

- 操作步骤

（1）打开云助手控制台，单击"创建/执行命令"按钮。

（2）如图 2-16 所示，在"创建命令"对话框中：

选择"命令来源"为"输入命令内容"；

选择"执行计划"为"立即执行"；

选择"命令类型"为"PowerShell"；

在"命令名称"和"命令描述"文本框中输入有意义的语句，如"Install Python""安装 Python"；

复制以下内容到"命令内容"框。

```
$currentDir = $PSScriptRoot
Set-Location $currentDir

# Check the OS version
$OSversion = [Environment]::OSVersion.Version
if ($OSversion.Major -lt 6 -and $OSversion.Minor -lt 1) {
    throw "This scrip is not supported on Windows 2008 or lower"
}

$Arch =([Array](Get-WmiObject -Query "select AddressWidth from Win32_
Processor"))[0].AddressWidth

if ($Arch -ne "64") {
    throw "Only 64-bit system architecture is supported"
}

function Check-Env() {
    $curPath = [environment]::GetEnvironmentVariable('path')
    if ($curPath -match $pythonKey) {
        Write-Host "System already installed $pythonKey, please check"
        exit
```

```
    }
}

function Download-File($file_url, $file_path) {
    if (Test-Path $file_path) { return; }
    [System.Net.ServicePointManager]::SecurityProtocol=[System.Net.Secur
ityProtocolType]::Tls12
    Invoke-WebRequest -Uri $file_url  -OutFile $file_path -UseBasicParsing
    if (! $?) { throw "$file_url download to $file_path error" }
}

function Clear-File($file_path) {
    if (Test-Path $file_path) {
        Remove-Item -Path $file_path -Force -
ErrorAction:SilentlyContinue
        if (! $?) {
            throw "Clear $file_path error, please check"
        }
    }
}

# install python for all users
function Install-Python() {
    if ($pythonVersion.StartsWith("2")) {
        & cmd /c msiexec /i $pythonFile /quiet /norestart ADDLOCAL=ALL
    } else {
        & cmd /c $pythonFile /quiet InstallAllUsers=1 Include_launcher=0
PrependPath=1
    }
    if ($LASTEXITCODE -ne 0) {
        throw "Install $pythonKey error"
    }
}

function main() {
    Write-Host "Check system environment"
    Check-Env
    Write-Host "Download python $pythonVersion install package"
    Download-File $pythonUrl $pythonFile
    Write-Host "Install python $pythonVersion"
    Install-Python
    Write-Host "Clear python $pythonVersion install package"
    Clear-File $pythonFile
    Write-Host "Install python $pythonVersion success"
```

```
}

# define python version   eg: 2.7.18 or 3.9.5
#$pythonVersion = "2.7.18"
$pythonVersion = "3.9.5"
$pythonUrl = "https://repo.huaweicloud.com/python/${pythonVersion}/python-
${pythonVersion}.amd64.msi"
$pythonKey = "python2"

if ($pythonVersion.StartsWith("3")) {
  $pythonUrl = "https://repo.huaweicloud.com/python/${pythonVersion}/
python-${pythonVersion}-amd64.exe"
  $pythonKey = "python3"
}

$pythonFile = [io.path]::Combine($currentDir, $pythonUrl.Split('/')[-1])

###
main
```

图 2-16　创建"安装 Python"命令

（3）超时时间建议设置为 300s（可根据网络情况调整），选择需要安装的实例，单击"执行"按钮。完成在对应实例中安装 Python 环境。

2.3　Windows 服务器自助诊断

诊断是保持 Windows 云服务器解决方案的可靠性、可用性的重要部分。当 Windows 云服务器系统出现问题或可能面临风险时，通过云助手使用 Windows 自助诊断工具，可以一键发起系统全面诊断、分析根本原因、给出详细的检测报告和修复建议。

应将诊断设置为日常优先事务，从而阻止小问题演变为大问题。

2.3.1　Windows 自助诊断的优势

相较于使用第三方诊断工具或用户自行诊断，使用 Windows 云服务器自助诊断有如下优势。

（1）全面。得益于阿里云十余年百万用户的经验，问题和解决方法不断沉淀于诊断工具中，使得 ECS 自助诊断的问题覆盖面远高于其他产品。

（2）准确。由于不断的问题闭环，ECS 自助诊断的准确率稳定在 90% 以上。并且，系统内的 AI 根本原因分析系统可以根据多表象关联得出问题的根本原因。

（3）快速。即使 ECS 观测/分析项有上百个，由于采用并行采集和后端处理机制，也可以在数分钟内完成所有的诊断工作。

（4）极少打扰度。由于采集项只针对系统基础信息，数据分析由系统外部平台完成，整个诊断过程对于用户性能几乎无开销，对于用户业务具有极少打扰度。

（5）与时俱进。由于可以将当期热点问题、高危漏洞、用户通用习惯及时反馈至后端分析平台，ECS 诊断能够快速跟进当下高风险问题，进一步避免漏报。

（6）可查询和审计。ECS 诊断保存用户每一次诊断记录，可供用户随时查看诊断状态和报告，便于回溯和审计。

2.3.2　Windows 自助诊断的范围

对 Windows 实例的诊断内容大致可分为以下几类。

1. 系统基线配置

该诊断的目标是保证系统基础信息正确，能够在阿里云 ECS 上正常运行。诊断内容包括：

（1）系统版本。目前 Windows Server 2008 及之前的版本，微软公司已不再支持，因此强烈建议用户升级到最新版本，以获得稳定性和安全性的保障。

（2）补丁信息。对比系统已安装的补丁和已发布的高危漏洞补丁，提醒客户及时修复高危漏洞。

（3）驱动信息。版本过老的 VirtIO 驱动在新硬件上有可能存在无法启动、运行缓慢等问题，而新版的 VirtIO/NVMe 驱动不仅兼容更新的机型，同时有更好的稳定性，因此建议用户注意驱动的更新。

（4）激活信息。检索 Windows 是否已激活，同时诊断激活方式和 KMS 服务的可达性。

（5）coredump 配置。合适的 coredump 配置可以在实例出现蓝屏等问题时生成内存转储文件，利用该文件可以方便地确定实例发生崩溃的原因，从而有针对性地优化问题，避免再次发生系统崩溃，导致业务中断。

2. 系统基础使用状况

该诊断采集系统内当前时间基本资源的使用状态，包括：

（1）CPU 状态、使用率。

（2）内存容量、使用率。

（3）磁盘信息、使用率。

（4）高资源占用的进程信息。

当以上所采集的资源使用超过基线定义时，系统会给出不同级别的告警，例如可定义内存占用超过 80% 为 Warning，超过 90% 为 Critical。

3．网络连通性诊断

对于云计算而言，网络是基础且复杂的底层依赖之一。Windows GuestOS 内部的各类配置可能导致用户无法远程登录到实例，或者实际业务无法顺畅运行。这些设置包括：

- 网卡配置。

- IP 地址配置。

- 防火墙配置。

- 网络代理配置。

- 重要端口配置。

4．历史问题发现

由于诊断具有时间性，大多数诊断项的目的是发现系统中当前配置错误、负载较高的问题。但是通过采集系统中的日志和记录文件，诊断结果还可以包括曾经发生的风险，提示用户或告警。

1）系统崩溃发现

通过收集系统崩溃时自动产生的内存转储 dump 文件，对比文件信息和当前系统信息，可以知晓系统在何时发生过崩溃，从而发出告警。

2）日志错误分析

通过收集系统日志，并添加特征关键字，可以匹配并发现系统发生过的错误，如服务启动失败、用户违规登录等。

2.3.3　用户自助诊断

登录 ECS 实例控制台，见链接 2（本书正文中提及的见"链接 1""链接 2"等时，可添加封底【读者服务】处客服好友，发送"五位书号"获取链接），如图 2-17 所示，选中某个 Windows 服务器实例，在"运维和诊断"子菜单中选择"诊断健康状态"命令，弹出图 2-18 所示的"实例健康诊断"界面。

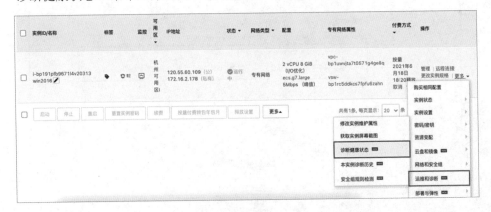

图 2-17　ECS 实例控制台

在"实例健康诊断"界面，根据需要选择问题场景和诊断范围。

- 问题场景为"全面体检"：全方位诊断实例的网络状态、磁盘状态等，还支持同时检测 ECS 操作系统内相关配置。

- 问题场景为"实例网络异常"：支持单独诊断实例的网络状态。

以"全面体检"为例，在"实例健康诊断"界面，勾选"同时检测 ECS 操作系统内相关配置"复选框，单击"开始诊断"按钮，如图 2-18 所示。系统会通过云助手下发特定的诊断工具，并运行。

单击"开始诊断"按钮后，跳转至诊断结果界面，待诊断结束后若诊断通过则显示图 2-19 所示界面，若诊断出现异常，则显示图 2-20 所示界面并给出针对该异常的解释和具体修复建议。

图 2-18　实例健康诊断

图 2-19　实例健康诊断结果（无异常）

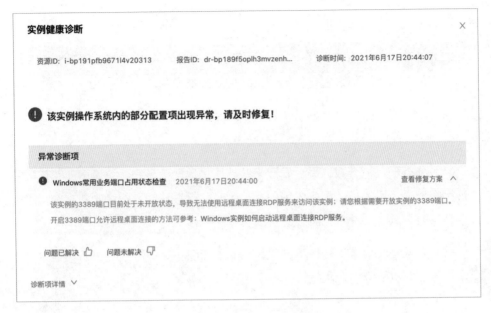

图 2-20　实例健康诊断结果（存在异常）

进一步，在"实例详情"界面的"健康诊断"选项卡下，可以查看所有的诊断历史并查看报告，如图 2-21 所示。

图 2-21　"健康诊断"选项卡

2.3.4　自助诊断技术架构

图 2-22 所示为 ECS 实例内自助诊断技术架构。诊断流程大致包括以下几步：

（1）用户在控制台上触发特定类型的诊断，例如全面诊断（"全面体检"）或网络专项诊断（"实例网络异常"），如图 2-18 所示，控制台通过云助手下发指定的诊断脚本到实例内部，并执行。

（2）诊断脚本根据诊断类型的不同会采集 Windows 服务器内不同的配置信息、日志信息和指标信息，将采集结果发送到数据平台。

（3）数据平台接收到数据后，对原始数据进行数据清洗、特征聚类、信息提取等处理后，将结构化的数据发送到分析平台。

（4）分析平台结合数据平台发送来的结构化数据信息和配置库中的基线配置及指标阈值，运用特征匹配、根因关联、趋势分析等算法，最终判断当前实例是否存在问题和风险，并将诊断结果发送至展示平台。

（5）展示平台根据诊断结果，从知识库中匹配相关的背景知识、详细建议和操作步骤，形成相应的诊断报告或者事件供用户阅读。

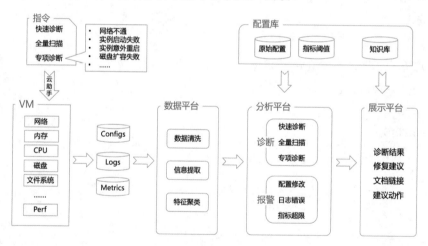

图 2-22　自助诊断技术架构

2.4　Windows 服务器监控

2.4.1　概述

监控的目的是防患于未然以及通过事后的复盘来完善监控运维体系，以保证生产环境的稳定。通过监控，我们能够及时了解生产环境的状态。一旦出现非预期的隐患，就可以及时预警，或者是以其他方式通知对应的运维人员，让运维人员可以及时处理和解决隐患，避免影响业务系统的正常使用，将一切问题的根源扼杀在摇篮中。在多数互联网公司中，运维和监控被称为 SRE，再细分一些的运维领域，可能会将监控单独划分出来，称为 NOC，它是业务正常运行中非常重要的一环。

即便国内互联网一线的厂商们，内部也有着林林总总、各式各样的监控系统和运维工具，有的关注业务数据，有的关注服务器的健康状态，有的则面向数据库和微服务特定指标。为了便于各位读者更好地学习并理解本章内容，这里的监控聚焦在云上 Windows 服务器系统本身的监控。

2.4.2　监控规划

为了避免监控泛滥或告警泛滥的问题，在选择"监控什么"的问题上需要谨慎，要结合企业业务进行综合评估。比如，作为互联网应用服务的云上 Windows 服务器，需要监控的维度除了 CPU、内存、网络、I/O 传统的四大件的基本使用情况，还需要看业务类型，如将 Windows 服务器用作云游戏服务器，还需要关注 GPU 速度、带宽、使用率，涉及游戏的有状态（数据层）的交互，还需要加上 I/O 相关的监控参数，包括 I/O 队列、深度、IOPS、Latency、读/写速率等。

在监控规划上，我们分两个维度进行设计：

- 平台维度：把传统的四大件监控交给平台来做，基本上所有云厂商都有基础监控，比如阿里云提供的云监控方案就覆盖了大部分的系统核心监控指标。云监控提供的监控视图如图 2-23 所示。

- 系统维度：诸如 Windows 服务器的 Handles（句柄）、Pages（页表）等细致化的监控项目，则建议在系统内进行上报（具体如何上报将在 2.4.3.1 节中描述）。系统内的监控指标如图 2-24 所示。

监控规划中重要的一环就是监控后发现相关数值出现异常时的告警设计，在

Windows 服务器场景下，由于其系统需要的负载资源较多，建议根据业务的类型进行告警设计，同时设计优先级。总体来说，有以下几个告警设计原则（包括但不限于）：

- 用于数据库的 Windows 服务器建议将内存使用率及与内存相关的性能指标适当上调，避免告警系统过于敏感导致告警泛滥；

- 对于状态类（比如服务器运行状态、探活状态）的监控，建议以平台级→系统级来进行监控设计；

- 从应用视角出发，基于 APM（应用性能监控）上的关键链路及指标来设计监控，比如 APM 上显示业务连接超时较多，则同步设定 Windows 服务器网络相关性能指标。

图 2-23　云监控提供的监控视图

图 2-24　系统内的监控指标

2.4.3　监控与告警实践

2.4.3.1　监控实践

在云上落地 Windows 服务器监控相对于传统的监控落地有着更多的便利性。监控的落地首先是基础指标落地，参考 2.1.3.4 节中的设置将云上 Windows 服务器 ECS 标准化做好，然后就可以根据分组、资源组或标签来进行监控大盘的设置。自定义监控的监控项如图 2-25 所示。

设置后的监控大盘效果，如图 2-26 所示。

深度的 Windows 服务器监控场景除了平台本身的性能指标，建议借助云厂商提供的上报渠道进行二次定制，阿里云提供的上报渠道是云监控的"应用分组"→"自定义监控"→"数据上报"（关于应用分组的设定可以参见 2.1.3.3 节），如图 2-27 所示。

② 选择监控项

云产品监控　日志监控　自定义监控

| 云服务器ECS ▼ | 云服务器ECS | Y轴显示范围： | 0 | auto |

无数据

监控项：　disk_readbytes ▼　　　最大值 ▼

资源：　████mywindows██████ ▼

╋添加监控项

| 发布 | 取消 |

图 2-25　自定义监控的监控项

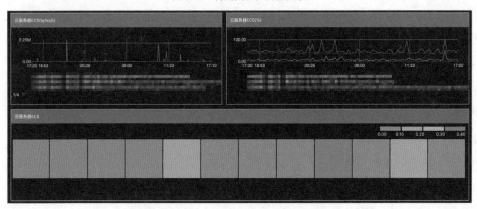

图 2-26　包含了 CPU、网络、负载热点图的监控大盘

图 2-27 阿里云提供的监控数据上报界面

为方便读者实现自主监控数据上报，从而满足系统层面更细致的需求。这里可以参考以下脚本运行相关系统监控项目，下面是收集 Windows 服务器系统内存每秒页错误的脚本（涉及 Aliyun Cli 命令行插件，可在阿里云官网自行下载安装）：

```
# 定义变量指定要收集的性能计数器名称（可参考 2.4.2 节中的图 2-23）
$counter = "\\XXXX\Memory\Page Faults/sec"
#使用 Get-counter 命令获取性能计数器的数据集
$data = get-counter $counter
#使用临时变量 mfaults 承接数据集中的某个我们关注的指标
$mfaults=$data.countersamples
#定义变量 value 为上报的核心数值
$value =[int]($mfaults.CookedValue)
#使用 Aliyun Cli 命令行上报自定义数据（其中 GroupID 选择您定义好的监控序列号）
powershell "C:\aliyun cms PutCustomMetric  --MetricList.1.MetricName
mem_pagefault --MetricList.1.Dimensions '{"PageFaultPeriod":"60"}'  --
MetricList.1.Type 0 --MetricList.1.Period 60 --MetricList.1.Values
'{"value":$value}' --MetricList.1.GroupId "1001"
```

上报成功显示的内容如图 2-28 所示。

```
PS C:\Users\Administrator> $counter = "\      01\Memory\Page Faults/sec"
PS C:\Users\Administrator> $data = get-counter $counter
PS C:\Users\Administrator> $mfaults=$data.countersamples
PS C:\Users\Administrator> $value =[int]($mfaults.CookedValue)
PS C:\Users\Administrator> powershell "    aliyun cms PutCustomMetric  --MetricLi
st.1.MetricName mem_pagefault --MetricList.1.Dimensions '{"PageFaultPeriod":"60"
}'  --MetricList.1.Type 0 --MetricList.1.Period 60 --MetricList.1.Values '{"valu
e":$value}' --MetricList.1.GroupId "1001""
{
        "Code": "200",
        "Message": "success",
        "RequestId": "E6B4A6D8-C58E            C0       '
}
PS C:\Users\Administrator>
```

图 2-28　上报成功显示的内容

图 2-29 所示是上报后通过"自定义监控"界面展示出来的 Windows 服务器页错误数量（60 秒维度）效果。请注意由于上报路径依赖于网络、系统本身性能等因素，这里不建议做秒级监控。

除了通过自定义监控实现相关性能数值型的监控指标上报，对于系统进程类的监控，建议也采用一定的收集方式来进行。在业界内，阿里云实现进程监控的具体路径是"云监控"→"主机监控"→搜索实例 ID→切换至"进程监控"，"进程监控"界面如图 2-30 所示。

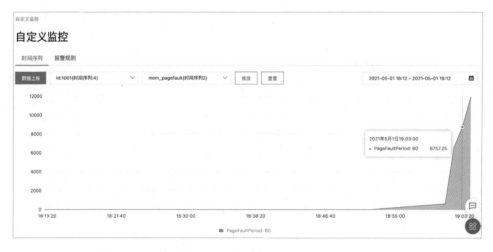

图 2-29　Windows 服务器页错误数量（60 秒维度）

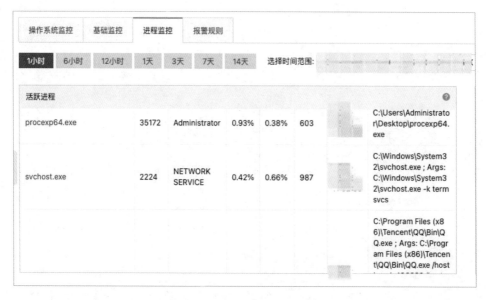

图 2-30　阿里云"进程监控"界面

总之，Windows 服务器的监控实践建议从横、纵向维度来考虑，横向维度建议从性能监控、状态监控等来实践，纵向维度建议从平台监控、系统监控、应用监控等来实践。

2.4.3.2　告警实践

监控的上下文除了上文数据源的设计与规划，还有下文监控发现问题时的通知，称之为告警。在云上 Windows 服务器的告警如 2.4.2 节所述，先在选择"监控什么"的问题上谨慎处理，这样确保监控的数据是核心的，不出现泛滥问题。接着根据业务的特点来设定监控告警，告警是需要监控的设计来实现的，"状态监控"对应着事件告警，"指标监控"对应着阈值告警。建议使用阿里云的云监控告警，刚好覆盖了这两种告警的实现，具体路径是"云监控"→"报警服务"。阿里云监控报警服务如图 2-31 所示。

图 2-31　阿里云监控报警服务

## 第 3 章

Windows 最佳实践

在云计算平台中，自定义镜像是使用实例或快照创建的镜像，或是从本地导入的镜像。通过对已经配置好应用的实例创建自定义镜像，可快速创建更多包含相同配置的主机实例，免除重复配置。在配置镜像时会有一定的要求，通过镜像创建实例也有一些安全防护注意事项，本章主要介绍 Windows 系统在这方面的实践。

3.1 自定义镜像最佳实践

Windows 实例上的应用环境在经过运维人员配置运行后，如果想部署更多相同环境系统来增强服务能力，则配置镜像是一种实现快速复制的手段。

镜像就相当于副本文件，该副本文件包含了系统实例中一块或多块磁盘中的所有数据。系统创建镜像的原理如图 3-1 所示。镜像的来源有两种，一种是公共镜像，另一种是自定义实例创建的快照（自定义镜像）。

图 3-1　系统创建镜像的原理

1．公共镜像

云平台官方提供的镜像安全性好、稳定性高。公共镜像包含 Windows Server
系统镜像和主流的 Linux 系统镜像。可以通过公共镜像初始环境快速批量启动多
台系统实例。

2．自定义镜像

使用实例或快照创建的镜像，或是从本地导入的镜像为自定义镜像。

自定义镜像的生命周期如图 3-2 所示。

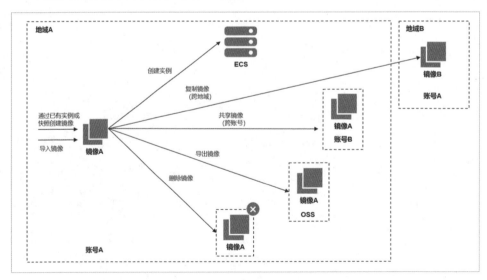

图 3-2　自定义镜像的生命周期

3.1.1　创建镜像

1. 使用实例创建自定义镜像

在使用运行或者处于停止状态的实例创建自定义镜像的过程中，云平台后端会为实例的每块磁盘自动创建一个快照，这些快照组合起来构成一个自定义镜像。使用实例创建自定义镜像如图 3-3 所示。

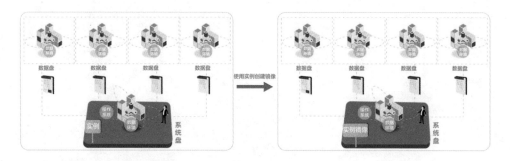

图 3-3　使用实例创建自定义镜像

使用实例创建自定义镜像的注意事项如下：

- 在镜像创建过程中，不能改变实例的状态。例如不要停止、启动或者重启实例，以避免创建失败。

- 创建镜像所需的时间，取决于实例磁盘的大小，因此需要确保系统盘有足够的空间。

- 请勿修改操作系统版本，建议选择微软公司正在维护、支持的 Windows Server 版本。

- 不要调整系统盘分区。

- 不要修改和删除关键系统文件。

- 不要修改默认登录用户名 administrator。

2．使用快照创建自定义镜像

快照是一种无代理的数据备份方式。为实例的系统盘或者数据盘创建崩溃一致性快照，可以用于制作自定义镜像场景，实现快速创建更多包含相同配置的实例，免除了重复配置。下面介绍快照以及使用快照创建镜像的示例。

在云计算管理控制台中可以找到云盘属性为系统盘的目标快照。前提是在云平台中已经创建好了所需的快照。如图 3-4 所示，在快照项的"操作"列，单击"创建自定义镜像"，就可以在自定义镜像列表中看到新增的自定义镜像了，如图 3-5 所示。

图 3-4　使用快照创建镜像

图 3-5　自定义镜像列表

3.1.2　Windows 导入镜像

从云下导入云上的镜像有多种格式，而云平台支持导入的主流镜像格式包括 QCOW2、VHD、RAW。表 3-1 介绍了这三种常见镜像格式的特征，可以根据需要转换为合适的格式进行导入。

表 3-1　常见镜像格式的特征

镜 像 格 式	镜 像 介 绍	镜 像 特 征
QCOW2	QCOW2 是 QEMU 实现的一种虚拟机镜像格式，是用一个文件的形式来表示一块固定大小的块设备（磁盘）	支持更小的磁盘空间占用。 支持写时拷贝（Copy-on-Write, CoW），镜像文件只反映底层磁盘的变化。 支持快照，可以包含多个历史快照。 支持压缩和加密，可以选择 ZLIB 压缩和 AES（Advanced Encryption Standard）加密
VHD	VHD 是微软公司提供的一种虚拟磁盘文件格式。VHD 格式文件可以被压缩成单个文件存放到本地物理主机的文件系统上	维护简单。可以在不影响物理分区的前提下对磁盘进行分区、格式化、压缩、删除等操作。 备份轻松。备份时仅仅需要将创建的 VHD 文件备份，也可以用备份工具将 VHD 文件所在的整个物理分区备份。 迁移方便。当有一个 VHD 文件需要在多台计算机上使用时，只要先将此 VHD 文件分离开来，将其复制到目的计算机上，再附加上去即可
RAW	RAW 是一种原始镜像文件格式，该格式文件可以直接被虚拟机使用。RAW 不支持动态扩容，是镜像中 I/O 性能最好的一种格式	寻址简单，访问效率较高。 可以通过格式转换工具方便地转换为其他格式 可以方便地被本地物理主机挂载，可以在不启动虚拟机的情况下和宿主机进行数据传输

通过导入镜像文件的方式来配置系统时，要注意如下事项：

（1）有的云平台不支持在 Windows Server 中安装 Virtio 虚拟 IO 驱动。若已安装，需要移除以下文件的只读属性。

```
C:\Windows\System32\drivers\netkvm.sys
C:\Windows\System32\drivers\balloon.sys
C:\Windows\System32\drivers\vioser.sys
C:\Windows\System32\drivers\viostor.sys
C:\Windows\System32\drivers\pvpanic.sys
```

（2）平台大部分支持 RAW、QCOW2 和 VHD 格式镜像。其他格式镜像必须转换格式后再导入。

（3）保证创建的镜像大小不大于平台所能支持的最大容量。

3.2 Windows 镜像迁移上云实践

将云下 Windows 系统创建镜像后迁移到云上启动后，我们有时会发现系统在启动后有很多奇怪的现象，比如

（1）机器有时是能够启动的，但是登录之后发现很多程序不能使用。

（2）IE 浏览器是打不开的，双击 IE 浏览器图标没有反应。

（3）所有和 MMC 相关的程序都打不开，比如事件查看器、服务管理器和计算机管理器等。

（4）打开某些业务程序时会报告文件找不到。

（5）运行磁盘扫描命令 sfcscan 会报错："Windows 资源保护无法执行请求的操作"。

Windows 在辨认磁盘时是有自己的顺序的，但是在某些情况下可能会出现多盘镜像迁移之后的磁盘卷顺序和迁移之前不同的情况。这种情况可能会导致系统盘没有被辨识为 C 盘，比如辨识为 D 盘。这本身并不会导致启动问题，因为 Windows 系统本身是从环境变量里寻找启动时所需要的驱动的。比如，图 3-6 所示的注册表中显示，Windows 是用路径%SystemRoot%来找到相应的 DLL 或者 SYS 的。当系统盘变为 D 盘之后，SystemRoot 也会相应地调整为 D:\Windows，因此大部分系统文件都是可以被找到的。

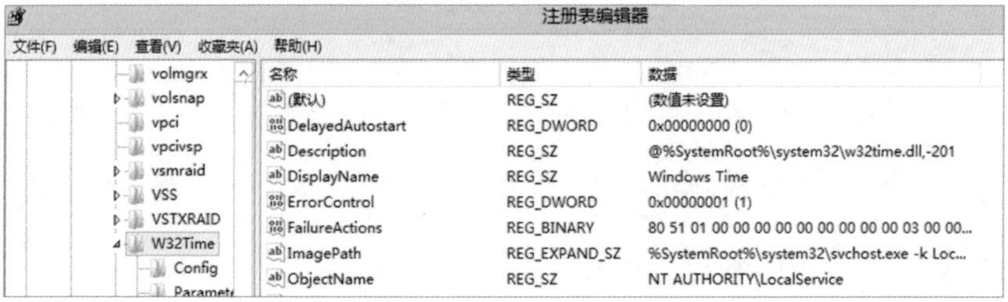

图 3-6　Windows 正常注册表示例

然而有些安装在其他目录下的组件就不是这样了，如图 3-7 所示：IE 相关的文件安装在 C:\Program Files 下面，其关联的安装路径在注册表中直接指向

C:\Program Files，并没有环境变量，从而导致这些程序启动失败。

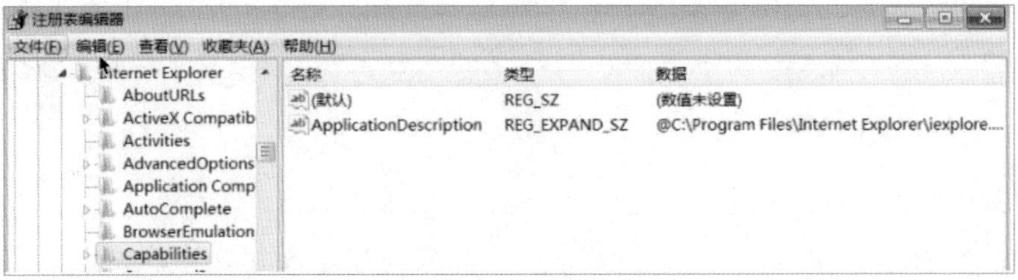

图 3-7　Windows 默认注册表示例

导致应用程序无法打开的原因明确，那么对应的解决方法就非常简单了，我们需要将系统盘改回默认的 C 盘。但是如果我们直接修改是无法做到这一点的，因为 Windows 系统会阻止这一行为。因此，我们直接修改注册表挂载设备信息，如图 3-8 所示，即只要将键值名称的 C:和 D:对换后再重启系统重新加载即可解决这类问题。

图 3-8　注册表挂载设备信息

3.3　安全最佳实践

Winodow 实例在创建并运行后，经常会遭受来自网络上的恶意扫描和攻击，因此对于 Windows 系统的安全防护是十分有必要的。下面我们介绍 Windows 平台上一些常见的安全防护策略。

（1）弱口令容易导致数据泄露，因为弱口令是最容易出现和最容易被利用的漏洞之一。因此，建议服务器的登录口令至少设置为 8 位以上，从字符种类上增加口令复杂度，如包含大小写字母、数字和特殊字符等，并且要不定时更新口令，养成良好的安全运维习惯。

（2）定期删除或锁定与设备运行、维护等无关的账户。

（3）对外网提供访问的系统，建议安装企业级防病毒软件，并开启病毒库更新及实时防御功能。

（4）默认的远程端口建议做修改，以避免被恶意扫描攻击，也可以使用云平台的安全组功能限制远程连接地址。

（5）禁用 TCP/IP 上的 NetBIOS 协议，可以关闭监听的 UDP 137、UDP 138 及 TCP 139 端口。

（6）在使用官方系统创建的自定义镜像后，建议关注云平台或者 Windows 官方更新的安全漏洞情报。当出现高风险漏洞时，及时更新操作系统所有补丁，并重新创建自定义镜像。更新安装补丁前，应先对服务器系统进行兼容性测试，比如可以对系统做快照备份，这样当出现异常不可用时，可快速回滚恢复。对于实际业务使用的服务器，建议设置通知并自动下载更新，但由管理员决定是否安装更新，而不是使用自动安装更新功能，这样可防止自动更新补丁对实际业务环境产生影响。

（7）对于高危漏洞且暂时无法更新补丁的情况，建议使用安全组访问控制以及应用防护策略对该服务器进行实时检测、防御，防止被黑客入侵。

（8）选择处于维护期的操作系统版本，早期的 Windows Server 2003/2008 已经不再更新，若有使用这些版本的主机，应尽快将操作系统更换到高版本系统。

（9）对于已自定义安装的应用服务软件（如 Tomcat、Apache、Nginx 等软件），建议使用官方最新版的软件，并对应用软件进行安全加固，禁止使用不必要的功能或组件，以提高整体安全能力。

第二篇
进阶篇

第 4 章

系统启动和登录

第一篇主要介绍了在阿里云云服务器使用 Windows 系统的一些运维操作与最佳实践，第二篇将主要介绍 Windows 系统在云上发生的各类典型问题以及线上具有代表性的真实案例，本章会介绍 Windows 系统启动过程中的典型问题。

4.1 节将详细介绍 Windows 系统启动的过程，4.2 节将介绍启动过程相关的注册表、服务和驱动等，4.3 节将介绍系统启动异常情况下常用的排查方案，4.4 节将介绍 3 个线上具有代表性的真实案例。

4.1 启动过程

使用 Windows 的读者每天可能会面对多次 Windows 的启动过程，有时也会遇到 Windows 启动慢或者启动报错的情况。本节将向读者介绍 Windows 的启动过程，以及这一过程中用到的重要的系统文件，从而让读者更清晰地理解 Windows 的启动过程以及如何解决启动过程中遇到的问题。

4.1.1　启动过程总览

对于不同版本的 Windows 操作系统，启动过程会有些不同，比如 Windows Server 2003 之前版本的引导程序使用的是 NTLDR（引导程序 NT loader 的缩写），而在 Windows Vista、Windows Server 2008 及以后版本的操作系统中，NTLDR 被 bootmgr 替代，本节以 Windows 7 之后的版本为例介绍 Windows 的启动过程。

如图 4-1 所示，Windows 启动过程包含了 BIOS（Basic Input Output System，基本输入输出系统）初始化、读取 MBR（Master Boot Record，主引导记录）、OS（Operating System，操作系统）引导和 OS 初始化四个阶段，其中 OS 初始化又细分为内核初始化、会话初始化、Winlogon（Windows Logon Process，Windows 用户登录程序）初始化和 Explorer（文件资源管理器）初始化四个子阶段。

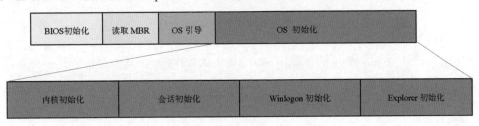

图 4-1　Windows 的启动过程

4.1.2　BIOS 初始化

在 BIOS 初始化阶段，计算机固件会识别和初始化硬件设备，之后进行加电自检（Power-on self-Test，POST）。加电自检程序在系统引导时运行，针对计算机硬件如 CPU、主板、存储器等进行检测。一般情况下加电自检的检查速度非常快。自检正常的情况下，BIOS 检测到有效的启动设备（通常是第一块磁盘，可以在 BIOS 中进行设置）并读取磁盘上的 MBR。

4.1.3　MBR

MBR 也称为主引导扇区，是系统启动后访问磁盘时必须读取的第一个扇区（大小为 512 字节）。MBR 包含启动代码、分区表和结束标志，如图 4-2 所示。

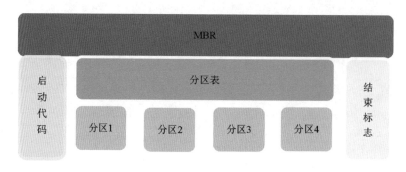

图 4-2　MBR 详解

1. 启动代码

MBR 最开头是启动代码（440 字节，最多可以占用 446 字节），启动代码扫描分区表查找活动分区，并在自检完成后将控制权交给引导程序（bootmgr.exe）。

2. 分区表

分区表记录各个分区的信息，占用 MBR 的 64 字节，其中每个分区信息占据 16 字节，因此对于 MBR，最多可有 4 个分区。分区信息的首字节表示是否为活动分区，0x80 表示为活动分区。

3. 结束标志

结束标志占用 MBR 的最后 2 字节，用来判断是否是启动设备。最后 2 字节如果是 55AA，表示该设备可以用于启动。

4.1.4　OS 引导

bootmgr.exe 调用启动分区的 winload.exe，开始 OS 引导阶段。在 OS 引导阶段，winload.exe 加载读取磁盘数据所必需的驱动并初始化系统。内核程序开始运行的时候，引导程序加载系统注册表以及类型为 BOOT_START 的驱动。

4.1.5　OS 初始化

OS 初始化包含了操作系统大部分的工作，即内核的初始化，PnP（Plug and

Play，即插即用）设备管理、服务的启动、登录及桌面的初始化。如图 4-3 所示，该阶段可以分为 4 个子阶段。

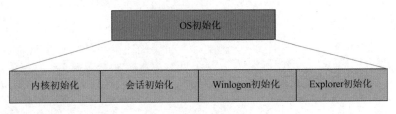

图 4-3　OS 初始化过程

1．子阶段 1：内核初始化

在内核初始化阶段，主要是调用内核，启动 PnP 管理器初始化 OS 引导阶段加载的启动类型为 BOOT_START 的设备驱动。

2．子阶段 2：会话初始化

在会话初始化阶段，内核将控制权交给会话管理器进程（smss.exe）。在这个子阶段，系统初始化注册表，加载并启动类型为非 BOOT_START 的设备和驱动，并启动 Win32 子系统进程。

3．子阶段 3：Winlogon 初始化

在会话初始化阶段完成以及 Winlogon.exe 启动后，Winlogon 初始化阶段开始。在这个子阶段，会出现用户登录界面，服务控制管理器启动服务，组策略脚本开始执行。Explorer 进程启用后 Winlogon 初始化阶段就完成了。

4．子阶段 4：Explorer 初始化

Explorer.exe 启动后，Explorer 初始化阶段开始。在这一阶段，系统创建桌面窗口管理器（DWM）进程，初始化并展示桌面。至此，Windows 的启动过程基本全部完成。

4.2　注册表和驱动

Windows 启动过程需要加载和初始化注册表。注册表是 Windows 中非常重要的一个数据库，存放了系统组件和应用程序的配置信息。不同版本的 Windows，对应的注册表信息会略有不同。不建议对注册表的内容进行随意更改，如果注册表内容有误，系统可能无法正常工作，因此建议修改前先进行备份。

4.2.1　注册表结构

注册表是一个树状结构，由项（key）、子项（subkey）和值（value）组成。项是树状结构的一个节点，子项是项的一个子节点，值是项的一个属性，由名称（name）、类型（type）和数据（data）组成。图 4-4 所示是一个注册表结构示例。

图 4-4　注册表结构示例

图 4-4 中，"计算机"下的每个节点都是一个注册表项，HKEY_CURRENT_CONFIG 有以下子项：Software 和 System。这些子项下又有对应的子项，如 Software 中包含子项 Fonts。Fonts 子项中包含名称为 LogPixels、类型为 REG_DWORD、数据为 0x78 的值。

4.2.2　核心注册表

如图 4-4 所示，"计算机"下共有 5 个一级分支注册表，HKEY_CLASSES_ROOT、HKEY_CURRENT_USER、HKEY_LOCAL_MACHINE、HKEY_USERS 和 HKEY_CURRENT_CONFIG。各分支注册表的详细信息如表 4-1 所示。

表 4-1　各分支注册表的详细信息

名　　称	详 细 信 息
HKEY_CLASSES_ROOT	包含了系统定义的所有文件扩展名和相关联的程序及ClassID等信息。HKEY_CLASSES_ROOT 是 HKEY_LOCAL_MACHINE\Software\Classes 和 HKEY_CURRENT_USER \Software\Classes 的集合
HKEY_CURRENT_USER	当前登录账户的配置信息，包括环境变量、桌面设置、网络连接和打印机等。HKEY_CURRENT_USER 是 HKEY_USERS\Security ID（当前登录账户的 SID）的映射
HKEY_LOCAL_MACHINE	保存了所有与这台计算机有关的配置信息，包括系统内存、安装的软硬件、PnP 信息、应用配置信息等
HKEY_USERS	这台计算机的所有账户的配置信息
HKEY_CURRENT_CONFIG	这台计算机当前硬件配置信息，HKEY_CURRENT_CONFIG 是 HKEY_LOCAL_MACHINE\System\CurrentControlSet\Hardware Profiles\Current 的映射

　　系统启动过程最需要关注 HKEY_LOCAL_MACHINE 分支，该分支包含 HARDWARE、SAM、SECURITY、SOFTWARE 和 SYSTEM 子项。各子项的详细信息如表 4-2 所示。.

表 4-2　HKEY_LOCAL_MACHINE 子项的详细信息

注 册 表 项	详 细 信 息
HKEY_LOCAL_MACHINE\HARDWARE	存放系统检测到的硬件信息，每次系统启动时会重新创建这个注册表。该注册表包含硬件设备及跟硬件设备相关的驱动等
HKEY_LOCAL_MACHINE\SAM	存放每个用户的凭证信息，包括用户名和密码哈希值。不要随意改动该注册表键值，否则可能会导致无法登录到系统
HKEY_LOCAL_MACHINE\SECURITY	存放系统和网络的安全策略，该注册表默认无法直接在注册表编辑器内读取查看，需要至少 System 权限
HKEY_LOCAL_MACHINE\SOFTWARE	存放应用及软件的配置信息，包括应用供应商、安装目录、应用版本等。系统启动时应用的组策略中启动脚本和登录脚本存放在该注册表中
HKEY_LOCAL_MACHINE\SYSTEM	存放系统配置信息以及当前系统上的驱动和服务 ControlSet00n 子项。其中 n 由 HKEY_LOCAL_MACHINE\SYSTEM\Select 中的数值决定。系统启动时加载的驱动和服务存放在该注册表中

4.2.3 驱动

驱动的全称是设备驱动程序，通常来讲是一种可以使计算机软件与硬件设备交互的程序，相当于硬件与计算机软件沟通的接口。例如，应用程序要读取磁盘设备上的数据，需要通过相应的磁盘驱动程序实现。操作系统中需要安装硬件供应商提供的各类驱动程序，包括磁盘、显示适配器、声卡、鼠标、键盘等驱动程序。如果驱动程序未正确安装，对应的设备就无法正常工作。例如，网络设备驱动程序安装失败，就会出现获取不到 IP（Internet Protocol，网络协议）、网络不通等问题。

驱动的启动类型有 5 种：开机启动、系统启动、自动启动、按需启动和禁用类型，详细信息如表 4-3 所示。

表 4-3　不同启动类型的驱动的详细信息

启动类型	详细信息
开机启动	该类型驱动在 OS 引导阶段启动，是启动 Windows 操作系统必需的驱动，如磁盘驱动程序
系统启动	该类型驱动在 OS 初始化阶段启动，启动时间晚于开机类型驱动
自动启动	该类型驱动在系统启动过程中由服务控制管理器自动启动，系统每次重启后该类型驱动会自动启动
按需启动	该类型驱动按需要启动，通过 PnP 管理器或者服务控制管理器启动
禁用类型	该类型驱动处于禁用状态，即系统启动后并不会启动该类型驱动

4.2.4 服务

Windows 服务是指 Windows 操作系统中可以长时间在后台运行的可执行程序。这些服务不需要用户交互就可以在系统启动的时候自动启动，系统运行过程中也可以进行暂停服务、停止服务或者重启服务等操作。除了 Windows 系统自身服务，还可以新建服务。例如有些应用程序安装后，会在服务列表中增加应用程序对应的服务。

通常服务有三种启动类型：自动启动、手动启动和禁用类型。

自动启动：该类型服务在系统启动的时候会自动启动。如果自动启动类型的服务依赖于一个手动启动类型的服务，那么手动启动类型的服务也会自动启动。

手动启动：该类型服务可以通过服务管理器或者命令行手动启动，也可以被其他服务、驱动程序、应用程序等启动。例如在进行补丁更新时，Windows Update（Windows 更新）服务会被调用并启动。

禁用类型：该类型服务无法被启动，如果需要启动该类型服务，需要根据实际需求先将服务启动类型修改为自动或者手动。

4.2.5　驱动和服务注册表

驱动的注册表路径为 HKEY_LOCAL_MACHINE\SYSTEM\CurrentControlSet\services\<驱动名称>。如图 4-5 所示，注册表键值 ImagePath 表示驱动在计算机系统的具体路径，注册表键值 Start 表示驱动的启动类型。

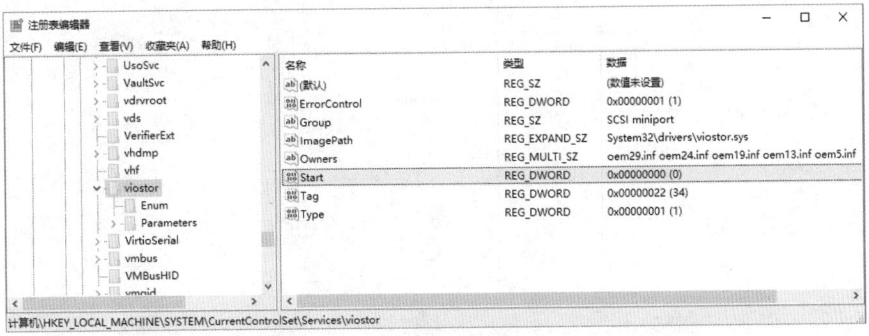

图 4-5　驱动的注册表

注册表键值 Start 和启动类型的对应关系及详细信息参考表 4-4。

表 4-4　注册表键值 Start 和启动类型的对应关系及详细信息

注册表键值 Start	启 动 类 型	详 细 信 息
0x00000000	开机启动	表示在 OS 引导阶段启动，这个值只对驱动有效
0x00000001	系统启动	表示在 OS 初始化阶段启动，这个值只对驱动有效
0x00000002	自动启动	表示在系统启动过程中自动启动，这个值对驱动和服务都有效
0x00000003	按需启动	表示按需要启动或者被手动启动，这个值对驱动和服务都有效
0x00000004	禁用类型	表示服务或驱动处于禁用状态，无法被启动。如果需要启动，要先修改启动类型为非禁用类型

4.3 系统启动异常排查方案

在 Windows 启动过程中，有时会遇到系统启动较慢或者出错的情况，可能的原因包括读取磁盘慢、服务启动失败、系统文件损坏、驱动加载失败等。本节将介绍通过 Windows 引导日志和挂载 Windows PE 盘（Windows Preinstallation Environment，Windows 预先安装环境）检查系统关键状态的方法，帮助用户更好地理解系统启动过程以及排查其中的关键错误。

4.3.1 查看系统引导日志

系统引导日志能记录系统引导的全过程，有助于排查系统引导过程中出现的问题。系统默认未开启引导日志，可以通过如下几种方法开启。

第一种情况，如果系统能够正常启动，可以通过如下两种方法开启：

1. msconfig 命令

以管理员权限启动命令行窗口，执行命令 msconfig，在图 4-6 所示的"系统配置"对话框中选择"引导"选项卡，勾选"引导日志"复选框，单击"确定"按钮。

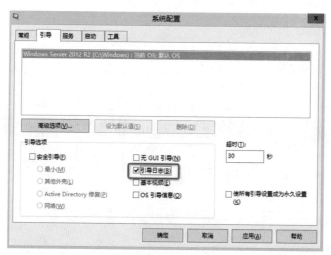

图 4-6 "系统配置"对话框

2. bcdedit 命令

以管理员权限启动命令行窗口，执行命令：

```
bcdedit /set {current} bootlog Yes
```

如果要关闭引导日志，执行命令：

```
bcdedit /set {current} bootlog No
```

使用以上任一种方法开启引导日志后重启系统，启动界面会显示系统引导日志，如图 4-7 所示。

```
Microsoft (R) Windows (R) Version 10.0 (Build 18363)
 4 23 2021 08:55:20.500
BOOTLOG_LOADED \SystemRoot\system32\ntoskrnl.exe
BOOTLOG_LOADED \SystemRoot\system32\hal.dll
BOOTLOG_LOADED \SystemRoot\system32\kd.dll
BOOTLOG_LOADED \SystemRoot\system32\mcupdate_GenuineIntel.dll
BOOTLOG_LOADED \SystemRoot\System32\drivers\msrpc.sys
BOOTLOG_LOADED \SystemRoot\System32\drivers\ksecdd.sys
BOOTLOG_LOADED \SystemRoot\System32\drivers\werkernel.sys
BOOTLOG_LOADED \SystemRoot\System32\drivers\CLFS.SYS
BOOTLOG_LOADED \SystemRoot\System32\drivers\tm.sys
BOOTLOG_LOADED \SystemRoot\system32\PSHED.dll
BOOTLOG_LOADED \SystemRoot\system32\BOOTVID.dll
BOOTLOG_LOADED \SystemRoot\System32\drivers\FLTMGR.SYS
BOOTLOG_LOADED \SystemRoot\System32\drivers\clipsp.sys
BOOTLOG_LOADED \SystemRoot\System32\drivers\cmimcext.sys
BOOTLOG_LOADED \SystemRoot\System32\drivers\ntosext.sys
BOOTLOG_LOADED \SystemRoot\system32\CI.dll
```

图 4-7　系统引导日志

启动成功后，C:\Windows\ntbtlog.txt 文件中也会记录同样的完整引导日志。

如果引导过程中有驱动加载失败，会有图 4-8 所示的日志。

```
Did not load driver @cpu.inf,%intelppm.devicedesc%;Intel
Processor
Did not load driver @display.inf,%stdvga%;标准 VGA 图形适配
器
Did not load driver
@netrtx32.inf,%rt18168d.devicedesc%;Realtek RTL8168D/8111D
系列 PCI-E 千兆以太网 NIC (NDIS 6.20)
```

图 4-8　系统启动驱动加载失败日志

从引导日志就可以准确定位引导过程中的错误，从而采取针对性措施。

第二种情况，如果系统已经完全无法启动。开机，按 F8 键，进入"高级启动

选项"界面，如图 4-9 所示，选择"启用启动日志"选项，按 Enter 键。

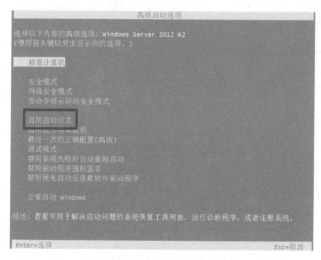

图 4-9 "高级启动选项"界面

接下来系统引导日志同样会写入 C:\Windows\ntbtlog.txt 文件中。但是此时系统是无法启动的，可以通过两种方法查看该日志：一种是进入安全模式，另一种是下文将要介绍的挂载 Windows PE 系统盘后启动。

4.3.2 挂载 Windows PE 系统盘排查启动问题

Windows PE 是一个小型操作系统，用于安装、部署和修复 Windows 10 桌面版、Windows Server 和其他 Windows 操作系统。 通过 Windows PE，你可以：

- 在安装 Windows 之前设置硬盘。

- 使用来自网络或本地驱动器的应用或脚本安装 Windows。

- 捕获和应用 Windows 映像。

- 在 Windows 操作系统未运行时，对其进行修改。

- 设置自动恢复工具。

- 从无法启动的设备中恢复数据。

- 添加自己的自定义 shell 或 GUI 来使此类任务自动化。

本节将介绍当系统启动失败时，使用 Windows PE 系统盘启动排查故障的方法。其原理是启动 Windows PE 系统，将原操作系统盘以数据盘的形式挂载到 Windows PE 系统上，Windows PE 系统启动后可以直接对原操作系统盘进行操作。

进入 Windows PE 系统后排查启动故障，有如下几个思路。

4.3.2.1　检查分区是否损坏

有很多第三方工具可以用来检查分区健康状态，如图 4-10 所示的 PartitionGuru 软件，能够有效地对系统分区进行扫描，检测出异常分区，然后推荐修复方案。不过修复前，记得一定要做备份。

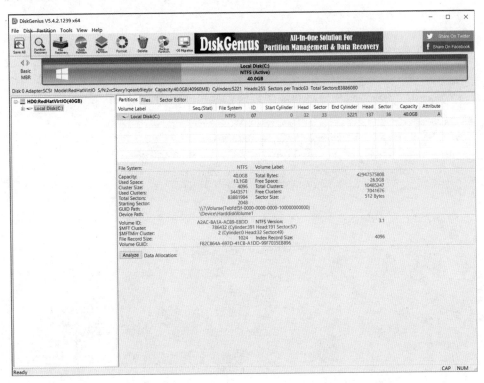

图 4-10　PartitionGuru 软件主界面

4.3.2.2　检测关键系统文件损坏

将异常启动的 Windows Server 系统盘的关键文件和正常实例的系统盘同名文件进行对比，可以知道哪些文件已被破坏。

例如，可在 Windows PE 系统中打开 PowerShell，输入以下脚本，计算 C 盘下面所有 EXE 文件的 MD5 值，并将其写到 C:\exemd5.txt 文件中。

```
$files = Get-ChildItem -Path C:\ -Recurse -ErrorAction SilentlyContinue
-Filter *.exe
foreach($file in $files)
{
    $filename = $file.FullName
    if(Test-Path $filename)
    {
        $md5 = (Get-FileHash -Path $filename -Algorithm MD5).Hash
        Write-Output "${filename} ${md5}" | Out-File c:\exemd5.txt -Append
    }
}
```

然后找一台正常的实例做同样的事情。使用下面的命令对比差异：

```
$file1 = Get-Content -Path C:\exemd5-1.txt
$file2 = Get-Content -Path C:\exemd5-2.txt
Compare-Object -ReferenceObject $file1 -DifferenceObject $file2
```

如果发现有差异，则用对应的正常文件替换即可。

4.3.2.3　在 Windows PE 系统中操作关键注册表选项

在 Windows PE 系统中可以对原 Windows 系统的注册表进行查看和操作，具体方法和 4.2 节介绍的修改注册表的方法完全一致，这里不重复介绍。

同时，在 Windows PE 系统中可以完全替换原 Windows 系统的注册表文件，注册表中的配置实际上最终是存储在磁盘中的文件，这些文件位于 C:\Windows\System32\config 目录下面，最重要的是 SOFTWARE 和 SYSTEM 文件。再次强调的是，一定要先做备份，再用一台同样操作系统的正常的实例中的相应文件替换原有的文件，然后卸载 Windows PE，重启系统。

4.3.2.4　查看系统日志

系统启动过程中的部分日志会记录在 EventLog 中，具体的文件存储在
C:\Windows\System32\winevt\Logs\System.evtx。可以将异常机器中的 System.evtx
文件通过 Windows PE 复制到一台正常的机器中，然后运行事件查看器
（EventViewer），打开系统日志文件，如图 4-11 所示。

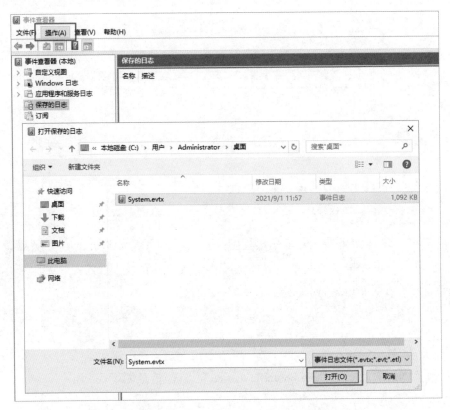

图 4-11　使用事件查看器打开系统日志文件

单击对应日志，在事件查看器界面下方显示事件详细信息。一般来说，系统
日志中会保留一些关键的日志线索，通过这些线索可以推断启动失败的原因。如
图 4-12 所示，系统启动失败，导出日志后发现加载 netkvm 驱动失败。因此，可
以有针对性地通过使用 Windows PE 系统更新 netkvm 驱动为正确的版本，再重启
原系统，就可以修复该问题。

图 4-12　查看事件详细信息（加载驱动失败）

4.4　系统启动异常案例

在 Windows 服务器实际使用过程中，我们可能会碰到 Windows 服务器无法正常启动或者启动报错的问题，本章将以 4 个线上具有代表性的实际案例来介绍如何排查及修复 Windows 服务器启动报错的问题。

4.4.1　案例 1：启动报错"No bootable device"

服务器启动后报错"No bootable device"，具体信息如下。

```
Booting from DVD/CD . . .
Boot failed: Could not read from CDROM (code 0003)
Booting from Hard Disk
No bootable device
```

从以上信息我们可以看到报错是"No bootable device"，字面意思是没有可用于启动的设备，根据报错猜测可能是系统盘异常导致，由于此时已经无法正常进入服务器，我们需要进入修复模式或者通过插入 ISO 光盘等方式进行修复。

下面介绍如何进入恢复模式，对于 Windows Server 2008R2 及之前版本系统，开机时按 F8 键可看到"修复计算机"选项，选择该选项即可进入恢复模式。对于 Windows Sever 2012 及之后版本系统，由于启动是快启动，开机按 F8 键无法进入修复模式，可通过 ISO 光盘进入修复模式或者在系统正常运行时执行 bcdedit /set {bootmgr} displaybootmenu yes 命令，之后每次启动后会展示启动菜单，之后可以按 F8 键进入修复模式。

以下以 Windows Server 2012R2 为例，开机时按 F8 键看到"高级启动选项"界面，参见图 4-9，选择"修复计算机"选项，按 Enter 键。

按 Enter 键之后会看到"选择一个选项"界面，如图 4-13 所示。选择"疑难解答"选项。

图 4-13　"选择一个选项"界面

进入"高级选项"界面，如图 4-14 所示，选择"命令提示符"选项。

图 4-14　"高级选项"界面

进入"命令提示符"界面，如图 4-15 所示，选择一个账户继续操作，一般选择 Administrator 账户。

图 4-15　"命令提示符"界面

选择好账户后，输入密码，单击"继续"按钮，如图 4-16 所示。

图 4-16　输入密码

在弹出的命令行窗口中，输入如下命令并执行，如图 4-17 所示。

```
diskpart
list disk
select disk 0 (根据 list disk 的结果选择系统盘对应的 disk，在本案例中系统盘为
disk 0)
list partition
select partition 1(根据 list partition 的结果选择系统盘对应的分区，本案例中为
partition 1)
```

之后再执行命令行 detail partition，如图 4-18 所示，可以看到分区的"活动"属性为否，"活动"属性表示该分区为启动分区，包含 Windows 操作系统。如果"活动"属性为否，服务器启动时就不会选择这个分区进行启动，在本案例中由于系统盘的"活动"属性被设置为否，会导致系统启动时找不到启动分区而报错。

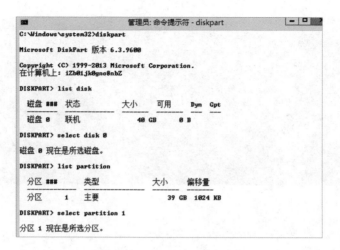

图 4-17　执行 diskpart 等命令

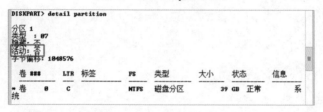

图 4-18　detail partition 输出结果

解决方案：

执行如下命令将该分区设置为活动分区，如图 4-19 所示。

```
active
```

DISKPART> active

DiskPart 将当前分区标为活动。

图 4-19　设置活动分区

之后重启服务器，服务器启动成功。

4.4.2　案例 2：启动卡在"正在准备 Windows……"数小时

系统卡在"正在准备 Windows，请不要关闭计算机"长达数小时，如图 4-20
所示。

图 4-20　正在准备 Windows……

此类问题一般发生在 Windows 安装更新后，在重启进行更新配置时遇到异常。Windows 安装更新用到的服务有 Windows Update 服务和 Windows Modules Installer 服务。临时解决方案是通过安全模式或者修复模式将 Windows Update 服务和 Windows Modules Installer 服务禁用，禁用后系统启动时不会再进行更新配置操作。

以下以 Windows Server 2012R2 为例，开机按 F8 键，选择"安全模式"选项，如图 4-21 所示。

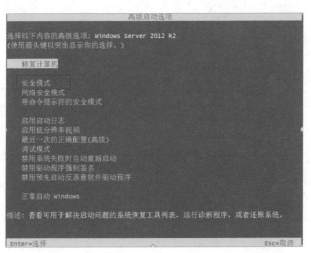

图 4-21　选择"安全模式"选项

右击"开始"按钮，选择"运行"命令，输入 services.msc，如图 4-22 所示。

在打开的界面中找到 Windows Update 服务，右击，选择"属性"命令，如

图 4-23 所示。

图 4-22　输入 services.msc

图 4-23　选择"属性"命令

将启动类型设置为"禁用",并单击"确定"按钮,如图 4-24 所示。

图 4-24　设置 Windows Update 启动类型为"禁用"

找到 Windows Modules Installer 服务，将其启动类型也设置为"禁用"，如图 4-25 所示。

图 4-25　设置 Windows Modules Installer 启动类型为"禁用"

如果安全模式启动未成功，可以通过恢复模式修改注册表禁用服务。开机按 F8 键，选择"修复计算机"选项，参见图 4-9。

在"选择一个选项"界面中选择"疑难解答"选项，参见图 4-13。

在"高级选项"界面中选择"命令提示符"选项，如图 4-26 所示。

图 4-26　选择"命令提示符"选项

在"命令提示符"界面中选择一个账户进行操作，一般选择 Administrator 账户，参见图 4-15。

输入账户对应的密码后，进入命令行窗口，输入 regedit，如图 4-27 所示。

图 4-27　在命令行窗口中输入 regedit

在注册表编辑器中，选择 HKEY_LOCAL_MACHINE，如图 4-28 所示。

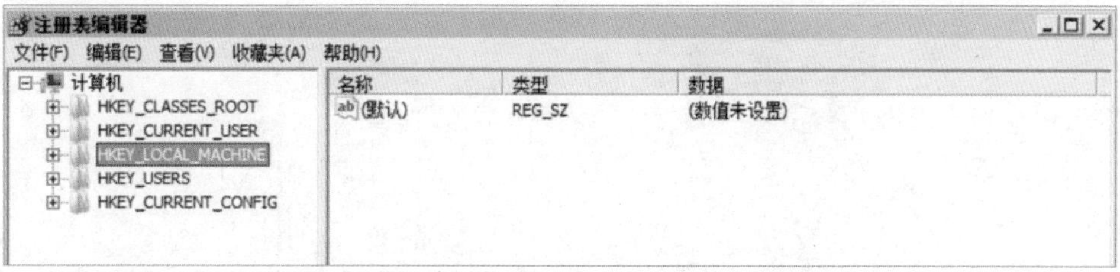

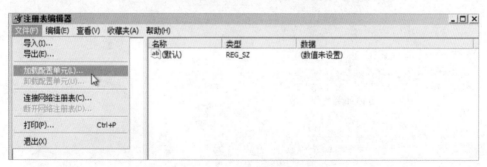

图 4-28　选择 HKEY_LOCAL_MACHINE

之后选择"文件"→"加载配置单元"命令，如图 4-29 所示。

图 4-29　选择"文件"→"加载配置单元"命令

在"加载配置单元"对话框中单击"这台电脑"，找到系统盘，本案例中为 C 盘，如图 4-30 所示。

图 4-30 选择系统盘

找到 Windows\system32\config\SYSTEM 这个文件，单击"打开"按钮，如图 4-31 所示。

图 4-31 选择 SYSTEM 文件

接下来为打开的配置单元命名，可命名为 TEST，如图 4-32 所示。

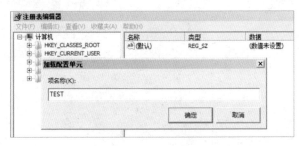

图 4-32 命名配置单元

展开 TEST，查看 Select 项，Current 值为 1，如图 4-33 所示，下一步我们需要查看 ControlSet001。

图 4-33　查看 Current 值

展开 ControlSet001/Services，找到 TrustedInstaller 项，将 Start 值改为 4，如图 4-34 所示。

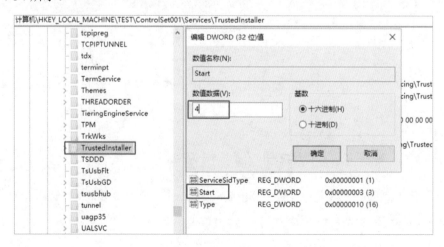

图 4-34　找到 TrustedInstaller 项，将 Start 值改为 4

找到 wuauserv 项，将 Start 值改为 4，如图 4-35 所示。

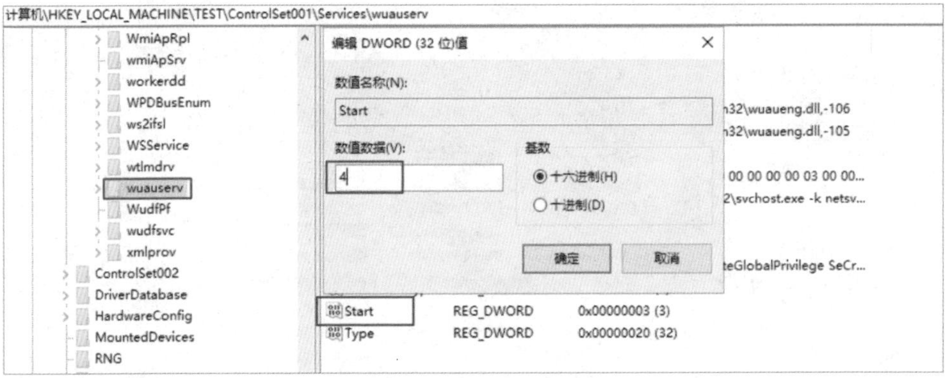

图 4-35　找到 wuauserv 项，将 Start 值改为 4

回到 TEST 项，先选择 TEST，再选择"文件"→"卸载配置单元"命令，如图 4-36 所示。

图 4-36　选择"文件"→"卸载配置单元"命令

之后重启服务器，启动成功。如果希望进一步排查并更新一次，可以参考第 8 章更新问题的排查方案。

4.4.3　案例 3：启动遇到蓝屏报错

服务器启动后遇到蓝屏报错"A problem has been detected and Windows has been shut down to prevent damage to your computer"，如图 4-37 所示。

A problem has been detected and windows has been shut down to prevent damage
to your computer.

If this is the first time you've seen this Stop error screen,
restart your computer. If this screen appears again, follow
these steps:

Check to be sure you have adequate disk space. If a driver is
identified in the Stop message, disable the driver or check
with the manufacturer for driver updates. Try changing video
adapters.

Check with your hardware vendor for any BIOS updates. Disable
BIOS memory options such as caching or shadowing. If you need
to use Safe Mode to remove or disable components, restart your
computer, press F8 to select Advanced Startup Options, and then
select Safe Mode.

Technical information:

*** STOP: 0x0000007E (0xC0000005,0x8A81E8B2,0x85386AA0,0x85386680)

图 4-37　蓝屏报错界面

从报错内容看，系统启动时遇到异常导致发生了蓝屏。可以通过按 F8 键尝试恢复。开机按 F8 键，在"高级启动选项"界面，依次选择"安全模式""最近一次的正确配置（高级）"选项，参见图 4-9。安全模式是 Windows 系统中的一种特殊模式，在不加载第三方驱动的前提下以最少的系统服务和驱动启动系统，对排查第三方驱动程序问题很有帮助。

选择"最近一次的正确配置（高级）"选项后，服务器会以上一次成功启动系统的注册表来尝试启动系统，对于近期做了修改变更等操作导致的异常问题很有帮助。

如果以上方式都未能成功启动，可以按 F8 键，选择"修复计算机"选项，进入修复模式继续排查。在"系统恢复选项"对话框中，选择"命令提示符"选项，如图 4-38 所示。

图 4-38　选择"命令提示符"选项

执行如下命令行，fixmbr 修复损坏的 MBR，fixboot 修复损坏或异常的引导扇区，RebuildBcd 尝试重置 BCD 配置信息，如图 4-39 所示。

```
bootrec.exe  /fixmbr
bootrec.exe  /fixboot
bootrec.exe  /RebuildBcd
```

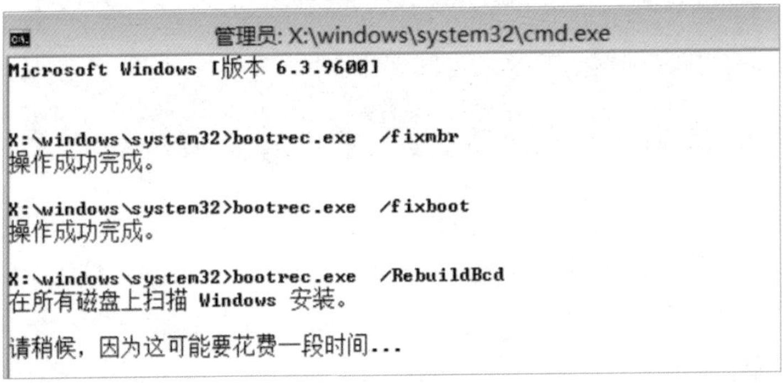

图 4-39　执行修复命令行

之后重启服务器，系统成功启动。

第 5 章

Windows 远程连接

Windows 远程连接又称为 Windows RDP（Remote Desktop Protocol，远程桌面协议）连接。本章中 5.1 节介绍 Windows 远程连接基本原理，5.2 节介绍 Windows 远程连接端口和组策略，5.3 节会以 2 个线上案例讲解如何排查远程连接问题。

5.1　Windows 远程连接基本原理

远程连接在 Windows 服务器中使用非常广泛，使用 Windows 服务器的用户大多通过远程连接到服务器上进行运维管理。通过远程连接，用户不需要在机房或者控制台就能访问服务器，这极大地减少了服务器的运维及管理成本。

5.1.1　远程桌面服务

远程桌面服务在早期版本系统中又称为终端服务，Windows Server 2008 之后统一将终端服务称为远程桌面服务。远程桌面服务允许用户通过交互的方式连接到远程 Windows 服务器。通过远程桌面服务，Windows 服务器可以支持多个客户端同时连接，单个客户端也可以同时连接到多台 Windows 服务器。

远程桌面服务的显示名称是 Remote Desktop Services，服务名称是 TermService，默认启动类型是手动，如图 5-1 所示。正常情况下服务的状态应该是正在运行，如果服务处于停止或者被禁用状态，则无法远程连接到此服务器。因此不建议对远程桌面服务的启动类型进行修改，也不建议随意停止该服务。

图 5-1　远程桌面服务的参数设置

5.1.2　远程桌面协议

远程桌面协议用于支持远程桌面服务器和远程桌面客户端之间的通信。远程桌面协议基于 ITU（International Telecommunication Union，国际电信联盟）T-120[①]协议标准，对该协议进行了扩展。Windows 使用远程桌面协议是因为该协议支持

---

① T-120 是由 ITU-T（ITU Telecommunication Standardization Sector，国际电信联盟电信标准化部门）制定的协议，包括一系列的多点通信协议，提供应用共享、文件共享等功能。

扩展更多功能，同时该协议支持 64000 个单独的数据传输通道。

远程桌面协议支持不同类型的网络拓扑，如 ISDN（Integrated Services Digital Network，综合业务数字网）、POTS（Plain Old Telephone Service，普通老式电话服务）等。远程桌面协议还支持多种 LAN（Local Area Network，区域网络）协议，如 IPX（Internetwork Packet Exchange，互联网分组交换）协议、NetBIOS（Network Basic Input/Output System，网络基本输入输出系统）协议、TCP（Transmission Control Protocol，传输控制协议）/IP（Internet Protocol，互联网协议）等。

远程桌面协议包含以下功能。

加密：远程桌面协议使用 RSA[①]安全公司开发的 RC4[②]加密算法对网络中的数据传输进行加密。

漫游断开：用户在不注销账户的情况下可以断开远程桌面会话，当再次连接时会自动重连到之前的会话。这个功能可以保障用户在发生网络异常时仅断开当前的远程桌面会话而不是账户被注销。

剪切板映射：用户可以在本地计算机和远程服务器之间复制、粘贴文字和图片。

打印机重定向：可以将本地计算机的打印机重定向到远程服务器中，在远程服务器内使用重定向的本地计算机进行打印。

音频、磁盘和端口重定向：远程服务器内的音频可以在本地计算机上收听到，本地计算机的磁盘和端口也可以重定向到远程服务器中。

图 5-2 展示了用户从本地计算机通过远程桌面协议访问远程服务器的过程。

---

① RSA 是美国一家计算机安全公司，RSA 以其联合创始人罗纳德·李维斯特（Ron Rivest）、阿迪·萨莫尔（Adi Shamir）和伦纳德·阿德曼（Leonard Adleman）的首字母命名。
② RC4 是 Rivest Cipher 4 的缩写，是由 RSA 公司开发的一种对称加密算法。

图 5-2　远程桌面连接

5.2　Windows 远程连接端口和组策略

Windows 远程连接的默认端口是 3389，实际使用中出于安全加固的考虑，通常建议修改为其他端口，以防被恶意攻击。远程连接有很多组策略的配置，如设置远程桌面会话断开空闲时间等。本章将主要介绍远程连接端口的查看、修改以及组策略的具体配置等。

5.2.1　远程连接端口

远程连接端口默认是 3389，可以通过命令行进行查看，如图 5-3 所示。首先通过命令行 tasklist /svc |findstr TermService 查看远程桌面服务对应的 pid（示例中为 1168），之后通过命令行 netstat -ano |findstr 1168 查看端口及监听状态。示例中监听端口为 3389 并处于 LISTENING（监听）状态。

```
管理员: 命令提示符
Microsoft Windows [版本 6.3.9600]
(c) 2013 Microsoft Corporation。保留所有权利。

C:\Windows\system32>tasklist /svc |findstr TermService
svchost.exe                   1168 TermService

C:\Windows\system32>netstat -ano |findstr 1168
  TCP    0.0.0.0:3389           0.0.0.0:0              LISTENING       1168
  TCP    10.10.0.12:3389        120.27.16.244:61365   ESTABLISHED     1168
  TCP    [::]:3389              [::]:0                LISTENING       1168
  UDP    0.0.0.0:3389           *:*                                   1168
  UDP    [::]:3389              *:*                                   1168
```

图 5-3　远程连接端口

远程连接端口通过注册表进行配置，如果需要修改为其他端口，可通过如下方式修改注册表键值。

1. 注册表编辑器

在命令行窗口输入 regedit，打开注册表编辑器，找到注册表键值 HKEY_LOCAL_
MACHINE\SYSTEM \CurrentControlSet\Control\ Terminal Server\ WinStations \RDP-
Tcp\ PortNumber，右击 PortNumber，选择"修改"命令，将十六进制改为十进制
（默认为十六进制），如图 5-4 所示，示例中将远程连接端口改为 8100。

图 5-4　远程连接端口注册表

2. Powershell 命令行

以管理员身份打开 Powershell，执行如下命令将远程连接端口改为 8100。

```
Set-ItemProperty -Path 'HKLM:\SYSTEM\CurrentControlSet\Control\
Terminal Server \WinSta t ions \RDP-Tcp' -name "PortNumber" -Value 8100
```

修改端口后需要重启远程桌面服务，使新的端口生效。

5.2.2　客户端远程连接 Windows 服务器

Windows 服务器支持不同客户端的连接，包括 Windows 机器、Linux 服务器、
苹果计算机和安卓设备等。本地客户端在连接之前需要确认目标服务器是否允许
远程连接。

在目标服务器上，找到"我的电脑"，右击，选择"属性"命令，在"系统属性"对话框中，选中"允许远程连接到此计算机"单选按钮，如图 5-5 所示。默认会勾选"仅允许运行使用网络级别身份验证的远程桌面的计算机连接（建议）"复选框，该选项表示只有支持网络级别身份验证的本地客户端计算机才能远程连接到该目标服务器上，从安全角度考虑，建议选择该选项。

图 5-5　远程连接属性设置

下面以 Windows 客户端为例介绍如何远程连接到一台 Windows 服务器。

在本地 Windows 客户端命令行窗口或者"运行"对话框中输入 mstsc，在"远程桌面连接"对话框中输入服务器的 IP 地址及用户名，之后单击"连接"按钮，如图 5-6 所示。

如果远程连接端口非默认的 3389 端口，需要在 IP 地址后增加":<端口号>"，如图 5-7 所示，示例服务器的远程连接端口为 8100。

图 5-6　远程桌面连接设置　　　　　　图 5-7　远程连接端口 8100

在输入凭据界面输入对应账户的密码，单击"确定"按钮，如图 5-8 所示。

图 5-8　输入账户密码

之后即可成功连接到服务器，如图 5-9 所示，窗口顶部会显示服务器的 IP 地址，示例为 10.10.0.12。

图 5-9　远程桌面连接窗口

5.2.3　远程连接组策略

远程连接有很多组策略设置，包括会话时间限制、允许远程连接会话数量、设备和资源重定向等，以下介绍实际应用中使用较为频繁的组策略。

在命令行窗口中输入 gpedit.msc，打开本地组策略编辑器，本地计算机策略下包括两大类策略：计算机配置和用户配置，如图 5-10 所示。计算机配置表示适用于这台计算机，所有登录到这台计算机的用户都会应用这些组策略配置，而用户配置表示适用于当前用户。下面以计算机配置来介绍远程连接相关的组策略。

图 5-10　本地组策略编辑器

在本地组策略编辑器中，展开"计算机配置"→"管理模板"→"Windows 组件"→"远程桌面服务"，远程桌面服务下共有三大类设置，即"RD 授权""远程桌面会话主机""远程桌面连接客户端"，如图 5-11 所示。

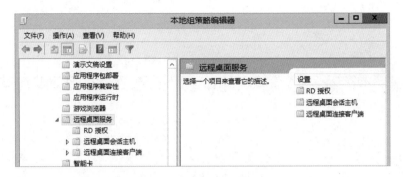

图 5-11　远程桌面服务组策略

其中"远程桌面会话主机"设置使用更为频繁，包括"会话时间限制""连接""设备和资源重定向"等，如图 5-12 所示。

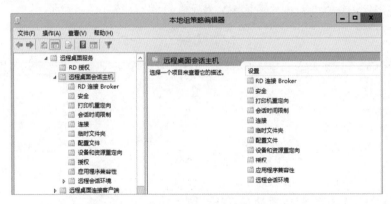

图 5-12　远程桌面会话主机组策略

会话时间限制中常用组策略设置详细信息如表 5-1 所示。

表 5-1　会话时间限制中常用组策略设置详细信息

组　策　略	描　述
设置已中断会话的时间限制	默认情况下远程会话断开后不会注销和结束该会话，如果启用该策略，则达到规定时间后会注销并删除已断开的会话
设置活动但空闲的远程桌面服务会话的时间限制	如果启用该策略，则达到规定时间后会断开活动但空闲的会话，在断开 2 分钟之前用户会收到警告信息
设置活动的远程桌面服务会话的时间限制	默认情况下，允许会话无时间限制地保持活动状态。如果启用该策略，则达到规定时间后会自动断开活动的会话
达到时间限制时终止会话	如果启用该策略，则会结束所有达到规定时间的会话（注销用户并删除会话）

连接中常用组策略设置详细信息如表 5-2 所示。

表 5-2　连接中常用组策略设置详细信息

组　策　略	描　　述
允许用户通过使用远程桌面服务进行远程连接	此策略用于设置是否允许用户远程连接到该计算机。如果启用该策略，则表示允许；如果禁用该策略，则表示不允许
限制连接的数量	此策略限制同时远程连接到该计算机的数量，默认情况下同时最多只允许两个连接，如果需要更多连接，需要添加远程桌面会话主机角色并向微软公司购买授权
将远程桌面服务用户限制到单独的远程桌面服务会话	此策略可以将用户限制到单独的远程桌面会话。如果启用该策略，则用户被限制在单个远程桌面会话中；如果禁用该策略，则用户可以同时进行不限数量的远程连接

设备和资源重定向组策略设置详细信息如表 5-3 所示。

表 5-3　设备和资源重定向组策略设置详细信息

组　策　略	描　　述
不允许剪贴板重定向	此策略表示本地客户端机器和远程服务器之间不允许剪贴板内容共享。如果启用该策略，则用户无法在本地机器和远程服务器之间进行剪贴板复制、粘贴等操作
不允许驱动器重定向	此策略表示远程服务器不允许本地客户端机器上的驱动器重定向。如果启用该策略，则本地机器的驱动器（磁盘）无法重定向到远程服务器

5.3　远程连接问题案例分析

在实际使用过程中，读者可能遇到远程连接失败或远程连接报错的问题，本节以 2 个实际案例来介绍如何对此类问题进行排查。

5.3.1　案例 1：远程连接报错"出现了内部错误"

本地客户端机器连接 Windows 服务器时有时能连接成功，有时连接失败；连接失败时报错"出现了内部错误"，如图 5-13 所示。

首先在本地机器上对目标服务器远程桌面端口进行 telnet 测试，确认是否能正常连通远程桌面端口。

图 5-13　出现了内部错误

在本地机器上，执行命令 telnet <IP 地址> <远程桌面端口号>，如图 5-14 所示。示例中目标服务器的地址是 10.50.0.196，远程桌面端口是 3389。

图 5-14　测试远程桌面端口连通性

图 5-15 所示输出表示远程桌面端口是连通的。

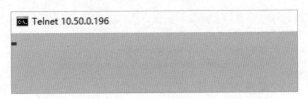

图 5-15　端口连通

检查目标服务器的配置，查看远程桌面端口的监听状态。在目标服务器命令行窗口中输入以下命令：netstat –ano |findstr <远程端口号>（本示例中服务器的远程桌面端口为 3389），输出结果如下。

```
C:\Windows\system32>netstat -ano |findstr 3389
  TCP    0.0.0.0:3389           0.0.0.0:0              LISTENING       2028
  TCP    xx.xx.xx.xx:3389       91.203.101.11:38321    SYN_RECEIVED    2028
  TCP    xx.xx.xx.xx:3389       91.203.101.109:52051   SYN_RECEIVED    2028
  TCP    xx.xx.xx.xx:3389       91.203.101.239:51734   SYN_RECEIVED    2028
  TCP    xx.xx.xx.xx:3389       91.203.101.88:43421    SYN_RECEIVED    2028
  TCP    xx.xx.xx.xx:3389       91.203.101.102:51387   SYN_RECEIVED    2028
```

```
TCP    xx.xx.xx.xx:3389        91.203.101.172:33568    SYN_RECEIVED    2028
TCP    [::]:3389               [::]:0                  LISTENING       2028
```

从输出结果可以看到有很多连接处于 SYN_RECEIVED[①]状态，查看这些连接的来源地址 91.203.101.11、91.203.101.109、91.203.101.239、91.203.101.88、91.203.101.102 和 91.203.101.172，都是来自海外地域荷兰，并且确认这些地址不是正常业务地址。

此类情况多是服务器受到了 SYN 攻击。SYN 攻击是 DDoS（Distributed Denial of Service，分布式拒绝服务）攻击中的一种。SYN 攻击是指伪造客户端地址，并向服务器不断地发送 SYN 包，此时服务器需要回复 ACK 确认包并等待客户端的确认，由于源客户端地址是不存在的，服务器需要不断地重发直至超时，这些伪造的 SYN 包将长时间占用未连接队列，导致正常的 SYN 请求被丢弃，服务器无法响应其他客户端的正常连接请求，出现远程连接失败的情况。

解决方案：通过防火墙或其他安全软件将这些攻击地址拦截掉。以 Windows 服务器自带的防火墙为例，打开控制面板，找到"Windows 防火墙"，单击"启用或关闭 Windows 防火墙"，如图 5-16 所示。

图 5-16　Windows 防火墙

---

① SYN_RECEIVED 是指 TCP 连接过程中的一种状态，该状态是服务器收到了客户端的 SYN 请求后进入 SYN_RECEIVED 状态，并发送 ACK 请求包给客户端。

在公用网络设置下，选中"启用 Windows 防火墙"单选按钮，并单击"确定"按钮，如图 5-17 所示。

图 5-17　启用 Windows 防火墙

在 Windows 防火墙界面，单击"高级设置"，右击"入站规则"，选择"新建规则"命令，如图 5-18 所示。

图 5-18　新建规则

在"新建入站规则向导"对话框中，根据向导依次选择自定义和所有程序，协议类型选择"TCP"，本地端口选择"特定端口""3389"，远程端口选择"所有端口"，如图 5-19 所示。

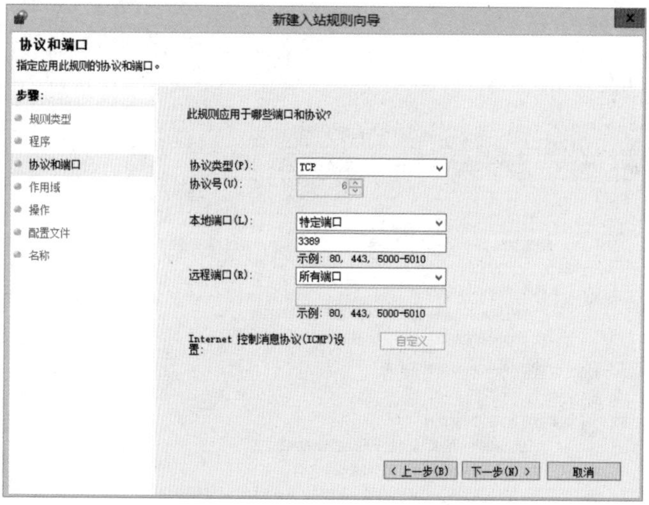

图 5-19　入站规则协议和端口

在"作用域"中，本地 IP 地址选择"任何 IP 地址"，远程 IP 地址选择"下列 IP 地址"，单击"添加"按钮，添加之前攻击地址的网段，上述示例为 91.203.100.0/22，如图 5-20 所示。

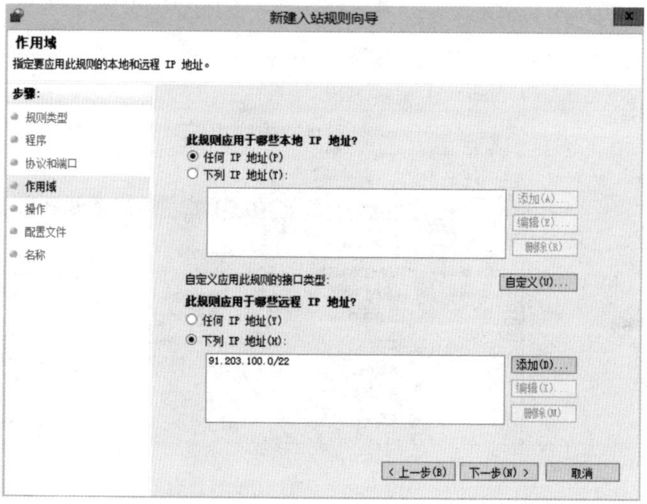

图 5-20　入站规则作用域设置

之后依次选择"阻止连接"，单击"下一步"按钮，最后进行入站规则命名，示例中名称为"阻止 3389 恶意攻击连接"，单击"完成"按钮，如图 5-21 所示。

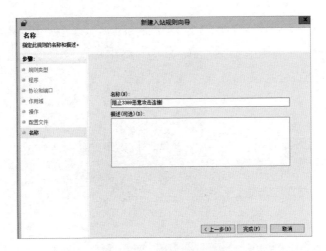

图 5-21　入站规则命名

之后在目标服务器上重启远程桌面服务后，客户端可以远程连接到目标服务器。

5.3.2　案例 2：远程连接遇到 36870 报错日志

客户端远程连接到目标服务器失败，在目标服务器系统日志看到 ID 为 36870 的报错日志："尝试访问 TLS 服务器凭据私钥时发生严重错误。从加密模块返回的错误代码为 0x8009030D。内部错误状态为 10001"，如图 5-22 所示。

图 5-22　36870 报错日志

该日志表示无法访问目标服务器上 MachineKeys 文件夹中的本地 RSA 加密密钥，可能是目标服务器中 MachineKeys 文件夹和 RSA 文件的权限配置错误或密钥相关服务（CNG Key Isolation）未正常运行。

解决方案：

（1）在目标服务器上，执行以下 Powershell 命令行将 MachineKeys 文件夹和 RSA 文件的权限重置为正常权限。

```
takeown /f "C:\ProgramData\Microsoft\Crypto\RSA\MachineKeys" /a /r
icacls C:\ProgramData\Microsoft\Crypto\RSA\MachineKeys /t /c /grant "NT
AUTHORITY\System:(F)"
icacls C:\ProgramData\Microsoft\Crypto\RSA\MachineKeys /t /c /grant "NT
AUTHORITY\NETWORK SERVICE:(R)"
icacls C:\ProgramData\Microsoft\Crypto\RSA\MachineKeys /t /c /grant
"BUILTIN\Administrators:(F)"
Restart-Service TermService -Force
```

（2）在目标服务器上查看 CNG Key Isolation 服务的运行状态，在命令行中输入 services.msc，打开服务，找到 CNG Key Isolation 服务，如图 5-23 所示。

图 5-23　CNG Key Isolation 服务

示例中 CNG Key Isolation 服务状态为空，启动类型为禁用，表示服务未能正常运行，需要修改服务启动类型为自动，并启动该服务。右击 CNG Key Isolation 服务，选择"属性"命令，在弹出的对话框中，将启动类型设置为手动，单击"确定"按钮，如图 5-24 所示。

图 5-24　设置 CNG Key Isolation 启动类型

之后右击 CNG Key Isolation 服务，选择"启动"命令，如图 5-25 所示。

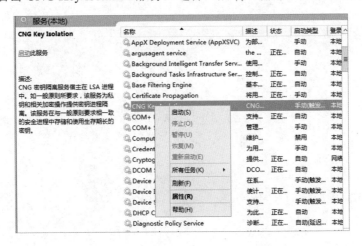

图 5-25　启动 CNG Key Isolation 服务

之后客户端远程连接到目标服务器成功。

## 第 6 章

系统时间和 NTP

计算机上的系统时间对于特定场景，比如时间戳验签、程序运行性能测试等，有着严格的要求，如果不能保证这个基本功能精确，则可能导致系统和服务不可用。比如会遇到如下现象：

- 开机的时候，虚拟机的时间和实际时间相差几个小时。

- 虚拟机运行了一段时间后，和实际时间差了几十秒。

我们将系统时间背后的原理解释清楚后再来看这些问题。

6.1 时间同步原理

我们先从虚拟机的时间机制入手，说明如下概念。

物理机：提供完整硬件设备和特定操作系统的服务器主机（Host）。

虚拟机：VM（Virtual Machine），指通过虚拟化软件模拟的具有完整硬件系统功能的、运行在一个完全隔离环境中的完整计算机系统。

实际时间：就是每一台手机、物理主机上的时间。这里我们假定实际时间和物理机是同步的，并且，该实际时间是和授时中心的标准时间保持一致的。

虚拟机时间：就是当我们远程连接到虚拟机上后在右下角看到的时间。或者是用 Shell 打印出来的时间，如图 6-1 所示。

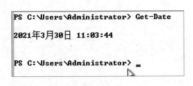

图 6-1 Windows 系统时间显示

6.1.1 时间是如何工作的

Windows 从开机到正常运行过程中的时间有两个来源，它们分别是硬件时钟和 Windows 时间服务。具体的时间同步过程如下。

（1）系统开机，系统内核从硬件时钟里读到一个时间（这里的硬件时钟是由虚拟软件模拟出来的）。读到这个时间后，系统和硬件时钟就没有主动交互了（不考虑从保存状态恢复、远程登录等情况），而是开始对这个时间进行自增。

（2）在系统运行过程中，如果 Windows Time 服务是运行的，并且配置了时钟源，那么它就会定期和时钟源同步。W32Time 服务状态如图 6-2 所示。

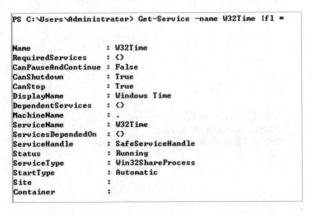

图 6-2 W32Time 服务状态

6.1.2　系统开机时读取时间

系统从硬件时钟里读到的只是一个时间，可以在 Windows 日志里看系统开机时读取的记录，具体查看路径如下：事件查看器→Windows 日志→系统→筛选日志，输入事件 ID 为 12，即可显示 Kernel-General 类型的记录，如图 6-3 所示。

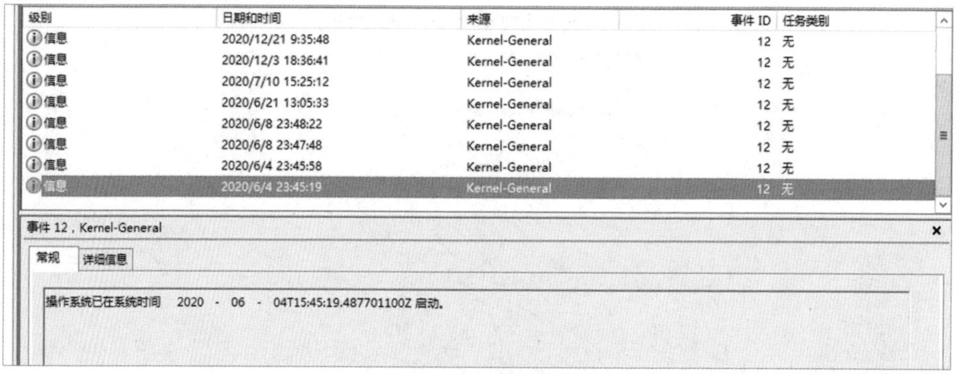

级别	日期和时间	来源	事件 ID	任务类别
ⓘ 信息	2020/12/21 9:35:48	Kernel-General	12	无
ⓘ 信息	2020/12/3 18:36:41	Kernel-General	12	无
ⓘ 信息	2020/7/10 15:25:12	Kernel-General	12	无
ⓘ 信息	2020/6/21 13:05:33	Kernel-General	12	无
ⓘ 信息	2020/6/8 23:48:22	Kernel-General	12	无
ⓘ 信息	2020/6/8 23:47:48	Kernel-General	12	无
ⓘ 信息	2020/6/4 23:45:58	Kernel-General	12	无
ⓘ 信息	2020/6/4 23:45:19	Kernel-General	12	无

事件 12，Kernel-General

常规　详细信息

操作系统已在系统时间　2020 - 06 - 04T15:45:19.487701100Z 启动。

图 6-3　开机时读取时间日志记录

日志中记录的是 UTC（Universal Time Coordinated，协调世界时）时间。2020-06-04T15:45:19.487701100Z 这种是 ISO 8601 的写法，换算成北京时间就是 2020 年 6 月 4 日 23:45:19。Windows 系统会将硬件时钟读取行为自动转换成 UTC 记录到事件源中。

虚拟化软件提供的这个时间是本地时间，不带时区信息。Windows 就把它当成当前系统时区的本地时间。如果系统里时区设置为中国标准时间，那么它认为这个时间就是东 8 区的 23 点 45 分，如果系统里时区设置为印度标准时间，那么它就认为这个时间是 +5:30 时区的 23 点 45 分。然后将其转换成 UTC 时间记录到 Event Log 里。若要查看当前系统的时区设置，可执行命令 tzutil/g，如图 6-4 所示。

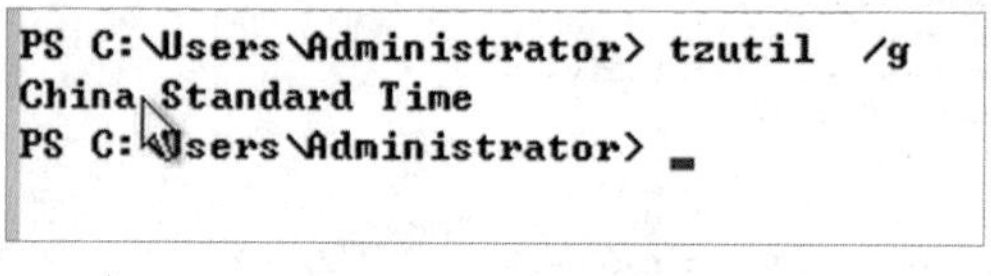

```
PS C:\Users\Administrator> tzutil  /g
China Standard Time
PS C:\Users\Administrator> _
```

图 6-4　系统时区显示

这就带来了一个问题，如果物理主机在美国，使用的镜像里设置的就是太平洋时区（与北京相差 16 小时），提供的也是这个 23 点 45 分，那么这个开机时读到的时间肯定是不正确的。这的确是个问题。

Windows 里有一个注册表设置表示在开机时将读取到的时间默认为 UTC 时间：HKEY_LOCAL_MACHINE\System\CurrentControlSet\Control\TimeZoneInformation，可以增加一个名为 RealTimeIsUniversal、类型为 Dword、值为 1 的注册表项。

设置完这个值重启后，系统会认为 23 点 45 分是 UTC 时间，再根据时区设置转换成本地时间。也就是说，如果虚拟化层面提供的硬件时间是 UTC 时间，那么镜像里设置什么时区都没有关系了，时间都是正确的。

6.1.3　系统运行时如何更新时间

系统更新时间是依靠时钟中断来实现的。

时间精度，即系统时钟间隔，是一个系统标量，它反映了系统产生时钟中断的频率，间隔越小，频率越高，反之亦然。不同硬件平台定义了不同的最小、最大时钟间隔值。对于 x86 平台而言，通常默认为 64 次 / s。

最小时钟间隔值是 0.5 ms，最大时钟间隔值是 15.625 ms。在系统内部，时钟间隔以 100 ns 为单位进行表述，所以 0.5 ms 被表示为 5000 个 100 ns 单位，15.625 ms 被表示为 15625 个 100 ns 单位。

系统默认的时间精度是 15.6 ms，也就是每一秒内会收到 64 个时钟中断。每收到 1 个中断，系统会增加一个时间计数。

系统不断地增加计数来更新时间，时间的准确性就依赖时钟中断。而虚拟化有损耗和资源调度的问题，因此由虚拟化提供的时钟中断有可能不是特别准，这就是我们常说的漂移。随着时间的推移，这种漂移越来越严重。

我们可以通过图 6-5 所示事件日志查看系统的运行时间，操作路径是事件查看器→Windows 日志→系统→筛选日志，输入事件 ID 6013。

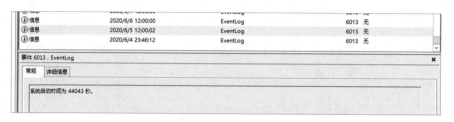

图 6-5　Windows 系统运行时间

在这个系统里，每天 12:00PM 时会记录一次系统的时间更新。 可以将这一条记录里记录的秒数减去上一条记录中的秒数。如果这个值不是 86400，就说明时间漂移得比较严重或者 NTP 同步失败了（接下来要讲的）。

这时我们就要用到时间同步了。在 Windows 系统中 Windows Time 服务负责处理同步的问题。

默认地，Windows Time 每 3600s 和指定的 NTP Server 进行同步。当然，如果 NTP 服务发现本地时间和 NTP Server 的时间差距太大（一般是 15min），就不会自动更新本地时间，需要手动强制同步才能成功。Windows 强制同步时，我们会看到图 6-6 所示的事件日志记录。

图 6-6　Windows 强制同步显示日志

6.2　NTP 服务和原理

1. NTP 服务

网络时间协议（Network Time Protocol）是 Windows 时间服务在操作系统中

使用的默认时间同步协议。NTP 是一种容错的、高度可扩展的时间协议，是常用的通过使用指定的时间基准来同步计算机时钟的协议。

NTP 时间同步发生在一段时间内，并且涉及通过网络传输 NTP 数据包。NTP 数据包包含时间戳，这些时间戳包括来自参与时间同步的客户端和服务器的时间样本。

NTP 依靠参考时钟来定义要使用的准确时间，并将网络上的所有时钟同步到该参考时钟。NTP 使用 UTC 作为当前时间的通用标准。UTC 与时区无关，并且使 NTP 可以在世界任何地方使用，而不管时区设置如何。

为提高时间精度，阿里云主机默认使用内部 NTP 时间服务器。可以更改 NTP 时间服务器和时间间隔，方法如下：执行命令 regedit，选择注册表项 HKEY_LOCAL_ MACHINE\SYSTEM\CurrentControlSet\Services\W32Time\TimeProviders\NtpClient\ SpecialPollInterval，默认值为 300（十进制数），如图 6-7 所示，表示与 NTP 时间服务器同步一次的时间间隔是 300s。

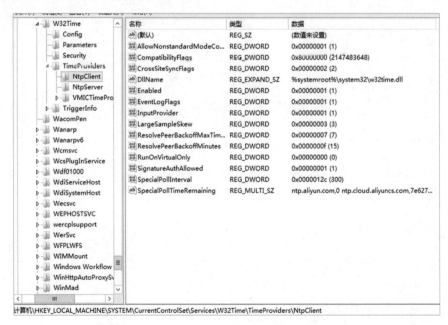

图 6-7　Windows 与 NTP 服务器同步一次的时间间隔

2. NTP 原理

NTP 时间同步是分层的，远程节点或服务器的 Stratum 级别如图 6-8 所示。

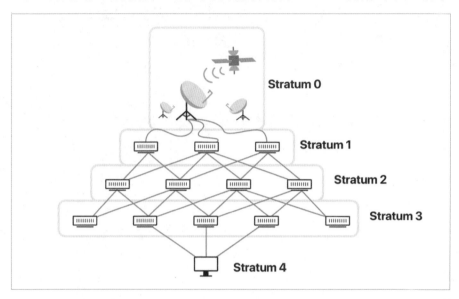

图 6-8　Stratum 级别

Stratum 0：卫星，提供高精度原子钟，精度大约为 10 亿分之一，提供全球同一基准时间。

Stratum 1：原子钟一级节点，由天线接收卫星信号，将其转换为本地时间，为其他机器提供时间服务。

Stratum 2：普通二级节点，作为各地域的同步中心，为机房和其他设备提供服务。

Stratum 3～16：同步 Stratum1/2。

整体来看，NTP 结构是由同步节点和同步协议两部分组成的。同步协议提供时间在网络中传输的标准，将时间及相关的控制信息、精度、误差等正确地传送出去；同步节点（NTP、chrony、openntpd 等软件）可以自定义协议解析，并校正本地时间。

云服务器 ECS 一般会提供高精度的时间参考 NTP 服务器，其中阿里云的内部地址为 ntp.cloud.aliyuncs.com，服务器提供的是分布式的一级时钟源，适用于金融、通信、科研和天文等以时间精度为核心的生产行业。

6.3　时间异常问题排查分析

6.3.1　Windows 时间变快

Windows 时间越来越快是我们经常遇到的现象，早期 Windows 2003 系统支持可编程间隔器（Programmable Interval Timer, PIT）和实时时钟（Real Time Clock, RTC）两种时间源。

而支持 RTC 的 HAL 模块存在一个问题：当使用非常高的时间精度的时候，如果有程序反复地通过调用 Windows API 计算并累计时间，Windows 的硬件抽象层（HAL）可能会随机地忽略某些点的时钟中断，当程序的这种行为反复累积到一定程度时，系统的时钟就会出现明显的误差。

已知的 API 中会导致问题的是 timeBeginPeriod 和 timeEndPeriod。这两个 API 都会改变时钟精度。一般来讲，程序如果想要获得比较高的时间精度，往往 timeBeginPeriod 和 timeEndPeriod 是成对出现的，也就是在需要的时候改变时钟精度，在这之后再将其改回。但是如果有应用程序只是调用了 timeBeginPeriod，而未调用 timeEndPeriod，系统可能长时间处于高精度的状态，就会出现时钟的误差。

出现这类问题的时候有两种选择。第一种选择介绍如下。

（1）配置 NTP，即 Windows Time 服务，定期校正系统时钟。我们可以根据需要来调整时间同步的频率：

```
HKEY_LOCAL_MACHINE\SYSTEM\CurrentControlSet\Services\W32Time\TimeProvide
rs\NtpClient
SpecialPollInterval
```

（2）也可以通过启用 Windows Time 服务调试日志来确认同步生效：HKEY_

LOCAL_MACHINE\SYSTEM\CurrentControlSet\Services\W32Time\Config，如图 6-9
所示。

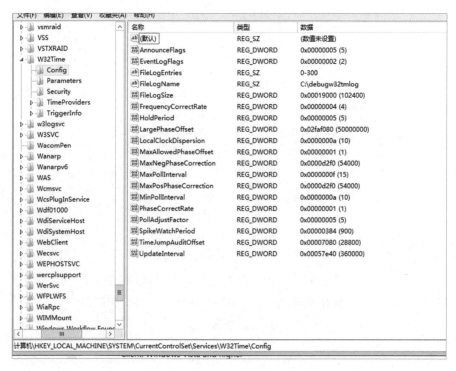

图 6-9　开启 Windows Time 服务调试功能注册表项

（3）图 6-9 中，Windows 在注册表中开启调试功能的各个注册表项的功能说
明如表 6-1 所示。

表 6-1　开启 WindowsTime 服务调试功能注册表项说明

注 册 表 项	说　　　明
FileLogEntries	控制在 Windows 时间日志文件中创建的条目数，默认值为 none，它不记录任何 Windows Time 活动；有效值为 0～300，此值不影响 Windows Time 通常创建的事件日志条目
FileLogName	控制 Windows 时间日志的位置和文件名。默认值为空白，除非更改 FileLogEntries。有效值是 Windows Time 将用于创建日志文件的完整路径和文件名。该值不影响 Windows Time 通常创建的事件日志条目
FileLogSize	设定 Windows 时间日志文件的大小

利用命令行实现 w32tm 的调试，成功后输出结果如图 6-10 所示。

```
w32tm /debug {/disable | {/enable /file:<name> /size:/<bytes>
/entries:<value> [/truncate]}}
```

```
PS C:\> w32tm  /debug /enable /file:debugw32tmlog /size:102400 /entries:0-300
正在将启用专用日志命令发送到本地计算机...
成功地执行了命令。
PS C:\> _
```

图 6-10 开启 w32tm 服务调试模式

第二种选择就是找到具体是哪个程序。这其实是非常困难的，因为响应的 API 没有日志记录，必须靠一定的猜测。

通过 Clockres 工具可以探测系统时间精度。

```
C:\> .\Clockres64.exe
Maximum timer interval: 15.625 ms
Minimum timer interval: 0.500 ms
Current timer interval: 15.625 ms
```

如果当前的时间精度和默认的不同，则有理由怀疑相关程序调用了 API。

而剩下的工作则需要比较正常和非正常机器上安装和运行的程序，从而得出怀疑的程序列表，并通过逐一停止程序来找到问题所在。

6.3.2 Windows 时间跳变检查

问题现象是 Windows 系统中的时间会突然跳变（时间变成未来的某一天），过一段时间后又恢复正常。

该问题是由 Windows 新引入的"Secure Time Seeding"时间同步机制导致的，下面开始介绍这一新的时间同步机制。

在 Windows 10/Windows Server 2016 之后，Windows 引入了一个新的时间同步机制 Secure Time Seeding。在开启该功能的情况下，当客户端和任何服务端建立 SSL Connection 的时候，在 TLS 交互过程中，服务端会向客户端提供其当前系统时间信息，客户端通过某种算法，用服务端提供的时间信息计算出 3 个值，并将其保存到客户端，默认存放于如下注册表：

```
HKEY_LOCAL_MACHINE\SYSTEM\CurrentControlSet\Services\w32time\Se
```

```
cureTimeLimits
    SecureTimeEstimated （当前时间的估计值）
    SecureTimeHigh （时间范围的最高值）
    SecureTimeLow （时间范围的最低值）
```

一台客户端测试实例上的 3 个值分别为 132544907280257743、132544943280257743、132544871280257743，如图 6-11 所示，我们姑且将这 3 个时间称为 SSL Time。

图 6-11　SSL Time

通过时间戳转换，这 3 个值代表的时间点如图 6-12 所示。

```
PS C:\> w32tm /ntte 132544907280257743
153408 10:58:48.0257743 - 2021/1/7 18:58:48
PS C:\>
PS C:\> w32tm /ntte 132544943280257743
153408 11:58:48.0257743 - 2021/1/7 19:58:48
PS C:\>
PS C:\> w32tm /ntte 132544871280257743
153408 09:58:48.0257743 - 2021/1/7 17:58:48
PS C:\>
```

图 6-12　时间戳转换结果

这 3 个值代表一个大致的时间范围，并不是一个精确的时间值，真实的时间肯定落在 SecureTimeHigh 和 SecureTimeLow 之间，并且与 SecureTimeEstimated 无限接近。

w32time 服务会监控这 3 个值，如果发现当前系统时间与 SSL Time 差别较大（最大允许修正值为 ±54000/15 小时），w32time 会立即将系统时间调整至 SSL Time

中的 SecureTimeEstimated；同时，w32time 服务会继续向配置好的 NTP 服务端发出时间同步请求。如果当前系统时间（已经调整为 SecureTimeEstimated）和 NTP 时间源之间的 offset（偏差）超过了这台服务器配置的最大允许修正值（±54000/15 小时），则 w32time 完全不会更正本地时间。只有当客户端从某个 SSL 连接中获取最新正确的 Secure Time 并更新本地缓存之后，系统时间才会被自动更正。所以，可以得出结论，SSL Time 的优先级要高于 NTP 时间源，NTP 时间源正确，也不一定能保证时间同步无误。

可以手动做个试验来验证。

首先记录调整前的值，如图 6-13 所示。

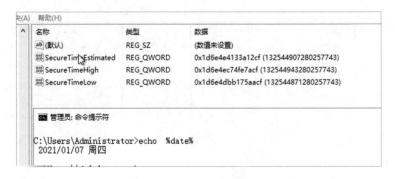

图 6-13　SSL Time 时间戳记录

然后手动将 SecureTimeEstimated、SecureTimeHigh、SecureTimeLow 3 个值统一调大。调大后，系统时间立即从 1 月 7 日跳变到 5 月 3 日，如图 6-14 所示。

图 6-14　更改 SSL Time

即使手动执行命令 w32tm/resync 强制同步时间，依然无法将时间调整为正常时间，一般会提示"此计算机没有重新同步，因为要求的时间更改太大"。

此时需要做什么才能让时间恢复正常呢？

根据之前的介绍：只有当客户端从某个 SSL 连接中获取最新正确的 Secure Time 并更新本地缓存之后，系统时间才会被自动更正。这个时候只需要打开一个浏览器或者进行任何能发起 SSL 连接的操作，时间立即恢复正常。

该功能是默认开启的，如果需要关闭，可向注册表中添加如下参数：

```
reg add HKEY_LOCAL_MACHINE \ System \ CurrentControlSet \ Services \
W32Time \ Config / v UtilizeSslTimeData / t REG_DWORD / d 1 / f
```

在 Windows 10/Windows Server 2016 之后，Windows 的时间源不只有 NTP 时间源，任何一个和当前实例建立 SSL 连接的服务端都有可能是时间源，在出现时间跳变的情况下，需要检查注册表中的 3 个 SSL Time 是否正常。

## 第 7 章

Windows 服务器激活和 KMS

本章会重点介绍 Windows 服务器激活与 KMS（Key Management Service，密钥管理服务）的基本概念以及在云上发生的激活失败导致业务异常的真实案例解析，以便读者了解 Windows 服务器在云上如何处理激活与 KMS 相关的问题。

7.1 激活与 KMS 概述

7.1.1 激活概述

与 Linux、UNIX 不同（这里指的是非商业用途的发行版，比如 CentOS），Windows 服务器在设计初期就考虑了商业化因素，通过 License（许可证）的方式来保护软件知识产权。这里举个简单的例子来让各位读者更容易理解"知识产权"这个概念：通常我们到商场购买一件或多件商品，这属于实物交易，这就算是我们通过金钱等值交换了这个实物（商品）的使用权，而对于虚拟商品（无实体物品），我们并不具备制作该虚拟商品的知识，那么我们可以直接购买该虚拟商品的使用权，而使用该商品的"钥匙"就是 License。在商业领域，Windows 服务器受知识产权法保护，微软公司保留了对盗版使用者（未取得授权就直接使用的用户）起诉的权利。

在阿里云，公共镜像的 Windows 服务器由于通过云厂商采购与定制服务，在授权合规性上有了充分保障，所以在阿里云使用 Windows 服务器不需要考虑 License 的合规问题。不过需要注意的是，在国外使用阿里云则要根据不同的国家、地区及 vCPU（云服务器的处理器）数量支付相关授权费用，具体可以参考阿里云→ECS 帮助文档→计费 FAQ。

激活过程如图 7-1 所示。

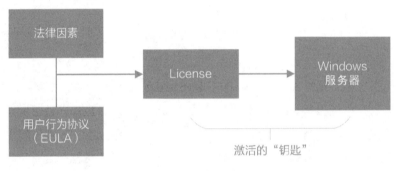

图 7-1　激活过程

7.1.2　KMS 概述

1. KMS 授权场景

KMS 是用来管理 License 录入、分发、校验的服务解决方案。KMS 对应的密钥是 VL License。KMS 解决方案一般用于 25 个以上的授权场景。KMS 的作用如图 7-2 所示。

2. KMS 角色与激活时效

除了 KMS 本身的授权场景，KMS 还有如下两个比较重要的角色。

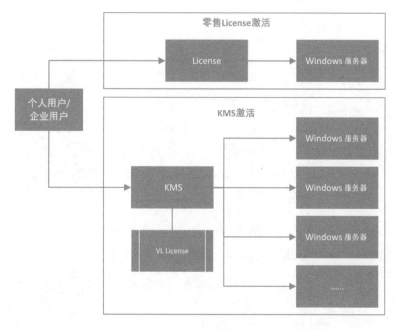

图 7-2　KMS 的作用

- KMS Host：即 KMS 服务器，基于 Windows 服务器安装批量激活服务角色，使用特定的激活码向微软注册 KMS Host，用于管理和维护客户端的激活请求和数据。在云上环境，经典网络下是内网 10 网段地址，对应 kms.aliyun-inc.com 域名；VPC 环境下是 100 网段内部服务地址，对应 kms.cloud.aliyuncs.com，KMS 默认端口号是 TCP 1688（在 KMS 排障中尤为重要，后续会详述）。

- KMS Client：即 KMS 客户端，不同于零售版本及 MAK 密钥，针对不同的操作系统版本，KMS 有固定的产品密钥。使用对应的产品密钥向 KMS 服务器注册并将其激活，定期请求 KMS 刷新激活状态。

通过 KMS 激活的 Windows 服务器并不像零售 License 一样永久激活，而是有 180 天有效期，在未激活的情况下有 30 天的宽限期，期间默认每两小时会通过 TCP 通信方式进行尝试激活。如果连接成功则每 7 天与 KMS 服务器保持更新激活状态并刷新有效期。如果在 180 天内客户端未能成功更新激活状态，则系统会再次进入未激活状态，同时产生一些影响。

7.2 KMS 的工作原理

7.2.1 KMS 激活关键步骤

KMS 服务器的工作原理如下：

（1）采用 TCP 与微软授权中心建立连接，并传输相关的数据包（见图 7-3），当采用 KMS 分布式部署时，下游 KMS 与 Windows 服务器之间采用内网 TCP 连接激活（这也是目前大部分国内云平台的做法）。

（2）通过软件许可服务（Software Licensing Service，SLS）来实现 Windows 服务器系统内的 Product ID、License 的校验（见图 7-3）。

（3）当校验通过，则通过内置的软件许可证管理器（一个管理系统内部许可证的工具，简称 slmgr.vbs，vbs 是其脚本后缀）对 Windows 服务器的激活状态进行修改，使其变成已激活的状态并根据 License 的类型设置有效期（见图 7-3）。

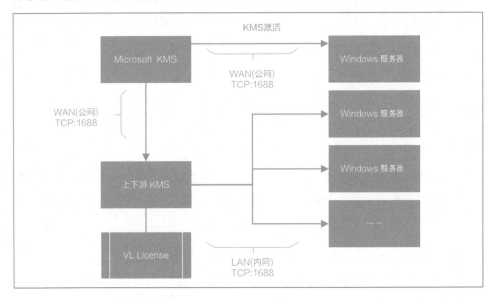

图 7-3　KMS 的工作原理

7.2.2　KMS 激活的 TCP 通信机制

正如 7.2.1 节所述，KMS 的激活方式依赖于 TCP 通信，了解 Windows 服务器激活机制的 TCP 通信细节能够更好地解决激活相关的问题。

在这重要的一环里，我们借助 slmgr（Software License Manger，软件许可证管理器，即 7.2.1 节中提及的管理系统内部许可证的工具）可以跟 KMS 服务器通信，我们借助抓包软件可以窥其细节（见图 7-4）。

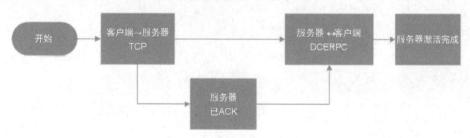

图 7-4　KMS TCP 抓包图（IP Source 是 KMS 客户端，IP Destination 是 KMS 服务器）

从抓到的包的细节可以看到，KMS 客户端通过 1688 端口向 KMS 服务器发起了 TCP 通信，KMS ACK 回复回来后客户端通过 DCERPC 协议进行 License 校验并最终完成授权，具体交互示意图如图 7-5 所示。

```
开始 → 客户端→服务器        服务器↔客户端      服务器激活完成
       TCP                  DCERPC

              服务器
              已ACK
```

图 7-5　KMS TCP 交互示意图

7.3　激活问题排障方案

我们知道了 KMS 的工作原理后，对于排障来说就简单多了，可从以下几个层面进行。

7.3.1　服务层面

介绍服务层面前，需要了解软件许可服务（sppsvc）是怎么样的，在上面的原理中讲到，涉及的路径有：

- 注册表：
  HKEY_LOCAL_MACHINE\SYSTEM\CurrentControlSet\Services\sppsvc。

- 文件路径：C:\Windows\System32\spp。

接下来会逐步地进行服务层面的排障演示。

（1）打开服务管理界面，按【Windows+R】组合键，在弹出的对话框中输入services.msc，如图 7-6 所示，打开服务。

图 7-6　在"运行"对话框中输入命令

（2）检查 sppsvc 是否可以正常开启，如图 7-7 所示。

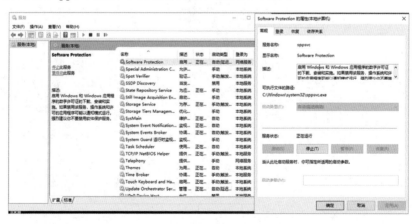

图 7-7　查看服务状态

（3）Windows Server 2012 及以上系统版本若不能正常开启，可以检查
C:\Windows\System32\spp\store\2.0 文件夹权限中是否有 NT SERVICE\sppsvc 权
限，该权限所有者是 sppsvc 服务账户，若服务账户没有 store 文件夹（Windows
Server）权限，则可能因为权限不够导致服务启动失败，如图 7-8 所示。

图 7-8　sppsvc 文件夹权限

（4）在 sppsvc 完全损坏的情况下，可以通过一台系统版本相同且正常激活的
服务器通过 HKEY_LOCAL_MACHINE\SYSTEM\CurrentControlSet\Services\sppsvc
路径将注册表导出（见图 7-9）再导入异常的服务器上，即可完成注册表级别的修
正。执行该操作前请先备份好注册表原来的表项，避免导入后系统异常。

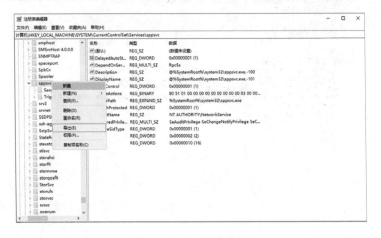

图 7-9　sppsvc 注册表导出

（5）注册表导入完成后还需要将异常的服务程序替换，操作前请先对原 sppsvc.exe 程序进行备份，进入系统版本相同且正常激活的服务器的路径 C:\Windows\system32，将 sppsvc.exe 复制并覆盖到激活异常的机器上即可完成 sppsvc 的完整修复，如图 7-10 所示。

图 7-10　sppsvc 程序替换

7.3.2　网络层面

（1）相比于服务层面，网络层面就简单多了，可以通过 cscript 命令进行 KMS 服务器查询，比如 cscript "C:\Windows\System32\slmgr.vbs" /dli，该命令会详细列出 KMS 服务器的地址，如图 7-11 所示。

图 7-11　KMS 服务器详情

（2）我们知道 KMS 是通过 1688 端口激活通信的，此时可以通过 telnet 命令进行测试（Windows Server 2012 及以上版本的系统的 telnet 客户端需要额外安装），如图 7-12 所示。

```
PS C:\Users\Administrator> telnet 100.100.3.8 1688_
```

图 7-12　telnet 测试

（3）网络层的激活失败问题，如果使用云产品，建议检查安全组、网络 ACL 等设置。

7.3.3　系统层面

7.3.3.1　Product ID

如图 7-13 所示，KMS 与 Product ID 关系密切，更确切地说，KMS 在激活过程中会调用系统层面 Product ID 进行校验，并通过 Product ID 返回的系统型号判断是否让其激活成功。Product ID　激活失败的原因主要是使用了终端级的应用程序（如某些注册机程序）导致 Product ID 被篡改，激活时对应不上导致激活失败。

Product ID 可以通过多种途径查询，比如通过服务器管理器，如图 7-13 所示。

图 7-13　通过服务器管理器查看 Product ID

还可以利用命令行查看 Product ID。执行命令 systeminfo，也可以看到 Product ID，如图 7-14 所示。

检查 Product ID 后可以找一台型号相同、系统版本相同的服务器进行 Product ID 对比，若发现不一致会导致激活失败，可以通过临时修改注册表（路径为 HKEY_LOCAL_MACHINE\SOFTWARE\Microsoft\Windows NT\CurrentVersion，如图 7-15 所示）的方式将 Product ID 修正。

图 7-14　利用命令行查看 Product ID

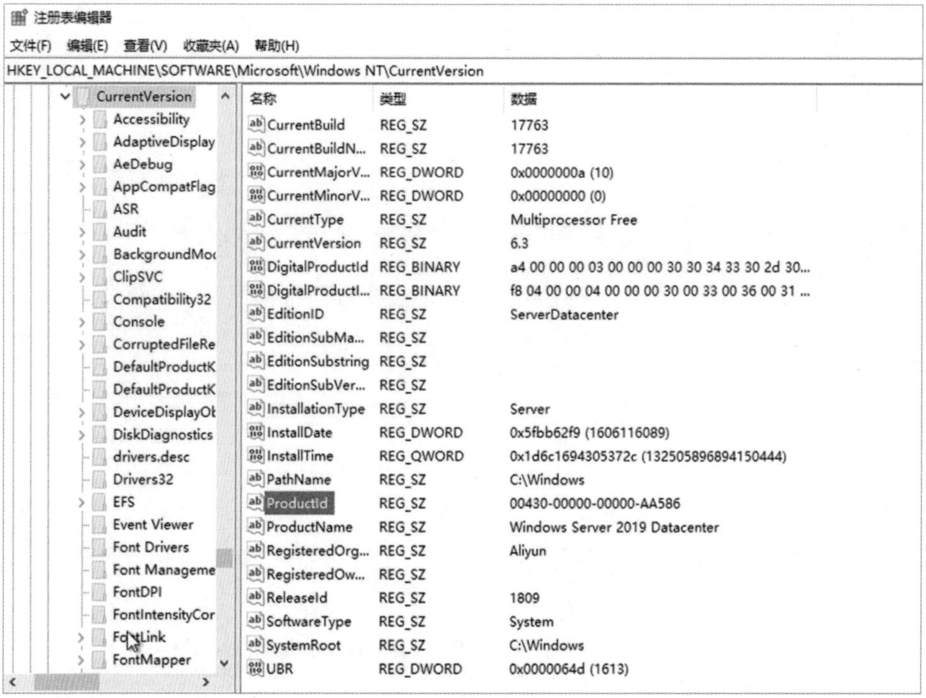

图 7-15　注册表 Product ID（图中为 ProductId）位置

7.3.3.2　KMS 设置相关

前面讲到激活主要依赖于联系 KMS 服务器进行激活通信的情况，如果系统内的 KMS 服务器设置错误，那么就有可能激活失败。如前面所述，系统内设置 KMS 的命令是 slmgr，这里有一些命令参数对我们进行系统层面排障能够起到关键作用：

- /skms：指定 KMS 服务器。

- /ato：请求 KMS 服务器进行激活。

- /dlv：显示详细的许可证信息。

- /rilc：重新安装许可证。

- /upk：卸载产品密钥。

- /ipk：安装产品密钥。

在确认 KMS 服务器的情况下可以通过 slmgr -dlv 命令查看当前的 KMS 服务器，如图 7-16 所示。

图 7-16　查看当前的 KMS 服务器

检查 KMS 服务器（一般由云服务商提供，因为云服务商一般采用批量激活模式）是否设置正确，若发现设置错误，可以执行 slmgr -skms XXX（XXX 为 KMS 服务器的地址或域名）命令，比如设置为阿里云的 KMS 服务器，如图 7-17 所示。

图 7-17　设置 KMS 服务器

　　KMS 服务器的批量激活模式采用的 VL License 在微软官网里会注明（可以通过在微软文档中心 Docs 下选择"Windows Server"→"入门"→"Windows Sever 2016 激活指南"找到"KMS 客户端安装密钥"），当发现密钥（License）不一致时可以通过 slmgr /ipk XXX（其中 XXX 为密钥）修正，同时使用 slmgr -ato 命令进行激活，如图 7-18 所示。

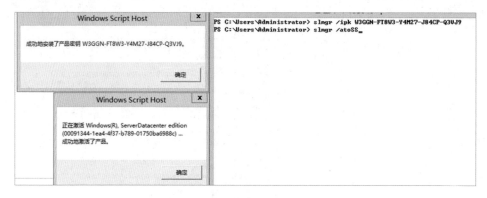

图 7-18　修正产品密钥

7.3.4　其他排障方法

　　在阿里云官方支持文档中也展示了其他的排障方式，详见阿里云 ECS 帮助文档（搜索"Windows 系统 ECS 实例激活失败"即可），Windows 服务器激活问题屡见不鲜，但只要知道其原理并且适时根据不同层面进行抽丝剥茧，其实激活问题也并不难解决，本章意在从原理到实践为读者呈现与构造一个更加立体的 Windows 服务器激活问题处理体系。

若从上述几个层面来排障没办法得到答案，可以通过更深入的工具进行排障，比如 Procmon（Process Monitor，进程监控器），可以通过直接捕获 sppsvc 进行筛选，看是否有异常情况，此方法将在实战案例中演示。

7.4　激活问题实战案例

7.4.1　激活失败，提示 70 没有权限

（1）运行 slmgr /ato 时提示 "70 没有权限"，如图 7-19 所示。

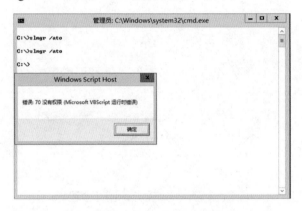

图 7-19　激活失败（70 没有权限）

（2）打开 Process Monitor 工具，可以参考图 7-20 进行关键字捕获。

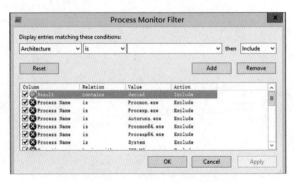

图 7-20　在 Process Monitor 工具中过滤关键字 denied

（3）通过 slmgr /ato 进行复现，同时观察 Process Monitor 里的结果（见图 7-21），就可以看到服务对 sppsvc 的访问被系统拒绝了。

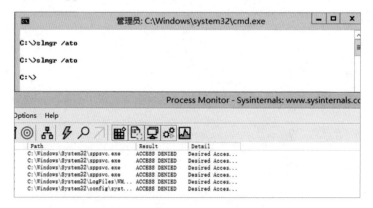

图 7-21　访问 sppsvc 被拒绝

（4）我们顺着路径检查 sppsvc 的权限，发现 sppsvc.exe 权限不够，如图 7-22 所示。

图 7-22　检查 sppsvc.exe 的权限

（5）如图 7-23 所示，修正权限（为该文件增加"读取和执行"权限），之后尝试重新激活，即激活成功，如图 7-24 所示。

图 7-23　重新加权

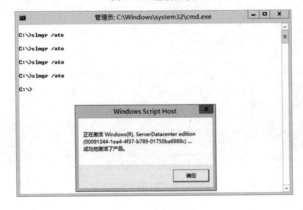

图 7-24　激活成功

7.4.2 Windows 服务器激活报错 0xC004F074

（1）运行 slmgr /ato 后无任何输出。

（2）通过应用程序日志，发现报错 0xC004F074，如图 7-25 所示。

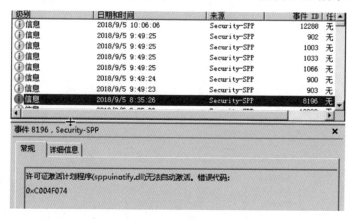

图 7-25　日志报错

（3）由图 7-26 可以看到，Windows 服务器已向 KMS 服务器发送了请求，但是未得到响应，经过再一次核查发现 KMS 地址指向了经典网络的 KMS 服务器地址，网络不通导致激活失败（参见 7.3.2 节网络层面排障实战）。

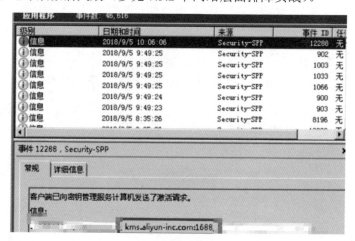

图 7-26　KMS 服务器错误

（4）通过 slmgr -skms 命令指定正确的 KMS 服务器地址，如图 7-27 所示。

图 7-27　通过 slmgr -skms 命令指定 KMS 服务器地址

（5）修改注册表相关位置，如图 7-28 所示。然后重启 software protection 服务，激活完成，如图 7-29 所示。

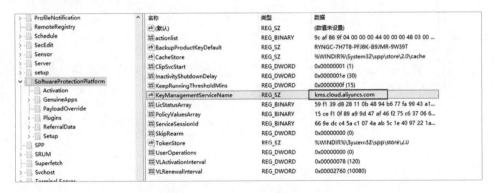

图 7-28　修改注册表中 KMS 服务器地址

图 7-29　激活完成

## 第 8 章

Windows 服务器更新

8.1 Windows 服务器更新原理

8.1.1 更新概述

相对于 Linux 的 Patch、Kernel 更新方式，Windows 服务器采用类似于安装软件的方式进行系统本身的更新，一般更新的形式有两种，一种是补丁程序，另一种是合集补丁。补丁程序一般会对应着知识库（Knowledge Base）中的一篇文章；合集补丁一般用于安全漏洞类补丁（如 2021Q1 安全合集补丁），通常跟随月度、季度进行推送。关于补丁的简要推送链路如图 8-1 所示。

通常来讲，更新是每一个 Windows 服务器运维者必然要关注的领域，因为每一次更新相当于为系统本身进行加固，但是更新也就意味着系统文件可能被替换。而在 Windows 服务器的生态下，现网的环境相对比较复杂，当更新的系统文件刚好与业务的调用产生冲突时可能会导致系统异常。下面会逐步为读者讲解如何进行补丁更新与排障。

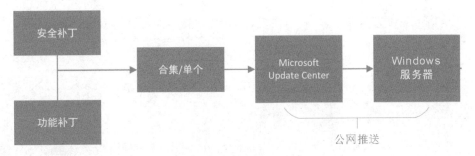

图 8-1　补丁推送链路简图

8.1.2　WSUS 概述与更新原理

从 8.1.1 节可以看到补丁的推送是通过 Microsoft Update Center（微软补丁中心）分发的，如果在非公网环境下推送如何实现呢？大部分的云厂商采用 Windows Update Service（以下简称 WSUS）实现了分发补丁的架构，类似架构以及交互原理如图 8-2 所示。

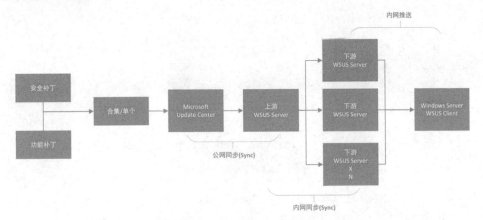

图 8-2　WSUS 推送补丁简图

我们在云环境下讨论更新问题，需要理解 WSUS 的具体分发链路，它可分为以下几段：

- Microsoft Update Center →上游 WSUS Server。

- 上游 WSUS Server → 下游 WSUS Server。

- 下游 WSUS Server → WSUS Client（Windows 服务器）。

这里有几个角色需要解释一下：

- Microsoft Update Center：其研发的补丁会统一推送到该系统中，是全球 Windows 服务器补丁的集中地。

- 上游 WSUS Server：WSUS 架构的角色之一，其是一个内网环境中最外层边缘的节点，是用来与 Microsoft Update Center 通信同步补丁列表的服务器，一般具备公网环境，按照 WSUS Client 的成员属性（成员属性包含了系统版本、架构情况等）来向 Microsoft Update Center 拉取补丁列表向下游 WSUS Server 推送。

- 下游 WSUS Server：WSUS 架构的角色之一，作用是承接上游 WSUS Server 的补丁分发，该架构主要适用在纯内网环境，同时会根据地域、承载量等划分为不同数量的节点，进行部署，也会按设定的分组向分组内推送补丁，也是 WSUS Client（Windows 服务器）接触的补丁更新的最后一层。

- WSUS Client，即 Windows 服务器，是接收补丁指令的最终客户。

从链路与角色来说，排障时会聚焦在"下游 WSUS Server → WSUS Client"这一段，总体来说分为三个阶段：

- 在 Windows VM 内，负责更新的 Windows Update Agent（以下简称 WUA）服务根据计算机上已有的设置来确定更新的策略。

- WUA 会不定期（默认 7～22 小时之中随机选择一个时间）与 WSUS 服务器或者 Microsoft Update Center 进行通信，以确定自身是否有需要的补丁。

- 如果确定有补丁需要更新，在用户登录后会提示用户有需要的更新，并根据不同的策略配置选择是否自动下载和安装更新，还是只是提示用户更新。

更细化点说，要聚焦在 WSUS Client 这一端，如图 8-3 所示。

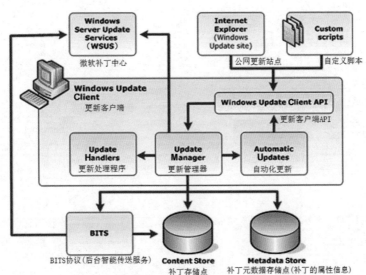

图 8-3　WSUS Client 取得补丁后交互

在这段之上的链路一般由平台方维护，由于环境与架构相对简单与稳定，所以一般较少出问题，这一块内容将在实战分析部分讲解。

8.1.3　WSUS 的配置

WSUS 配置涉及的位置有组策略、注册表，这些配置都用来指定 Windows 服务器更新的源及相关的配置，在日常的应用与排障过程中也会看到（关于排障在 8.2 节会具体讲到）。

（1）组策略，WSUS 更新的组策略位置在计算机策略→管理模板→Windows 组件→Windows 更新，这里主要指定 WSUS 地址，如图 8-4 所示。

（2）在指定 WSUS 地址配置的相同组策略位置下，有个配置自动更新的设置，如图 8-5 所示。这里主要是设置自动更新的策略，在过去经常出问题的一部分案例就是因为这里设置了自动下载、自动更新，导致 Windows 服务器自动重启（阿里云默认为通知下载与通知安装，不会自动下载并安装导致重启）。

图 8-4　在组策略里指定 WSUS 地址

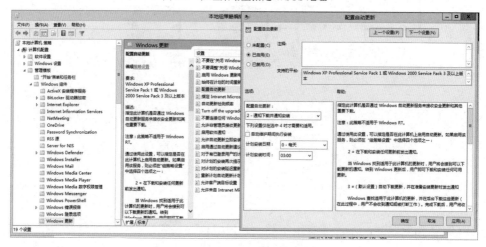

图 8-5　WSUS 自动更新配置

（3）在注册表中也可以针对更新进行相关设置，具体位置在[HKEY_LOCAL_MACHINE\SOFTWARE\Policies\Microsoft\Windows\WindowsUpdate]，设置说明如下：

- "WUServer"="http://windowsupdate.aliyun-inc.com"　#指定 WSUS 服务器地址

- "WUStatusServer"="http://windowsupdate.aliyun-inc.com"　#指定 WSUS 统计服务器地址

（4）注册表的另外一个位置[HKEY_LOCAL_MACHINE\SOFTWARE\Policies\Microsoft\Windows\WindowsUpdate\AU]，主要设置自动更新相关选项，设置说明如下：

- "UseWUServer"=dword:00000001　　　#指定 WUA 是从 WSUS 服务器获得更新还是从 Microsoft Update 获得更新。如果此选项为 0，那么 WUA 会强制从 Microsoft Update 获得更新，即使我们指定了 WSUS 服务器地址

- "NoAutoUpdate"=dword:00000000　　　#是否允许自动更新

- "AUOptions"=dword:00000002　　　　#配置自动更新选项

8.2　更新问题排障方案

更新问题相对来说比较清晰，这里特指云环境下的更新问题，我们既然已经了解了更新与 WSUS 的工作原理，就知道在遇到更新失败的时候可以从几个维度来排查。

在前面的章节说过，对于排障，我们需要聚焦在"下游 WSUS Server→WSUS Client"这一段，我们知道作为 WSUS 客户端（Windows 服务器）来说，由于不同的应用环境及业务需求，环境相对比较复杂，所以更新失败大部分由 WSUS Client 导致。排查 WSUS Client，我们需要知道下游 WSUS Server 是如何通过网络传递补丁给 WSUS Client 的，建议从以下几个维度进行排查。

8.2.1　链路方面

WSUS Server 与 Client 之间依赖于 TCP 连接，并通过 TCP 端口、8530 端口（部分云厂商为 80 端口）进行下发。

（1）这里以阿里云为例，先确认 WSUS 服务器地址。通过注册表位置 HKEY_LOCAL_MACHINE\SOFTWARE\Policies\Microsoft\Windows\WindowsUpdat 可以看到当前系统设置的 WSUS 服务器地址，如图 8-6 所示。

图 8-6　WSUS 服务器地址获取

（2）通过 telnet XXX 80（其中 XXX 为 WSUS 服务器地址，80 为阿里云更新服务器所用的端口）来判断网络通信是否正常。若通信正常，则检查服务状态；若通信不正常，则需要检查服务器网络、安全组等网络设置。

8.2.2　服务方面

（1）从图 8-3 可以看出，更新依赖于 BITS 与 Update 服务，若要确保服务正常，首先服务状态本身是正常的，如图 8-7 所示，也可以通过 Get-Service -name wuauserv 命令和 BITS 命令进行检查。

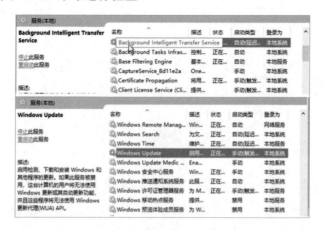

图 8-7　更新服务状态检查

（2）除服务状态外，WSUS Client 还有几个关键目录：

- C:\Windows\System32\catroot2：包含补丁的安全签名数据库。

- C:\Windows\SoftwareDistribution：WSUS Client 存放分发数据的文件。

以上两个目录，在补丁下载失败且没有排查到具体原因时可以采用备份后重命名的方式来修复，步骤如下：

① 执行停止服务命令：

```
Net stop wuauserv
Net stop cryptSvc
Net stop bits
Net stop msiserver
```

② 备份上述目录，比如：

```
Ren C:\Windows\SoftwareDistribution SoftwareDistribution.old
Ren C:\Windows\System32\catroot2 Catroot2.old
```

③ 执行启动服务命令：

```
Net start wuauserv
Net start cryptSvc
Net start bits
Net start msiserver
```

④ 重启服务器，完成修复步骤。

8.2.3　日志排查

（1）Windows 服务器更新的日志有几个比较重要的，第一个就是 Windows 服务器事件管理器中的 Setup 日志（路径为事件查看器→Windows 日志→Setup），其中来源为 WUSA 的日志即 Windows 服务器所安装补丁的记录，如图 8-8 所示。

（2）Windows Update 服务本身也会在日志中注册一个独立的源日志（路径为事件查看器→应用程序和服务日志→Windows→WindowsUpdate→Operational），这里的日志比 Setup 日志更聚焦一点，也可以看到部分细节的内容，如图 8-9 所示。

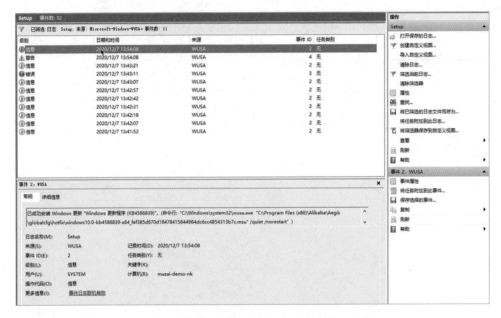

图 8-8　Setup 日志中的补丁安装记录

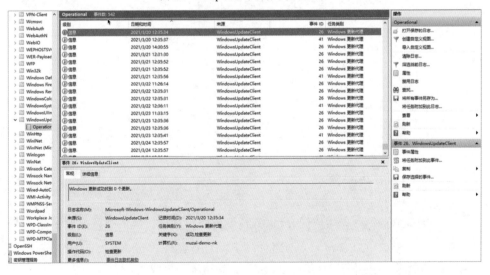

图 8-9　Windows Update 服务独立日志

（3）相比于前面两个日志，Windows Server 更新依赖于 WSUS，WSUS Client 的日志记录更加详细，在 Windows Server 2019 版本下使用 Powershell/Get-WindowsUpdateLog 命令即可获取日志位置，如图 8-10 所示。

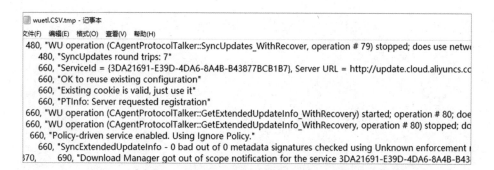

图 8-10　Windows Server 2019 日志记录内容

（4）其他版本的 Windows Server 的 WSUS Client 日志记录的细粒度比 Windows Server 2019 要粗，但是在排障方面足够了，如图 8-11 所示。

图 8-11　其他版本 Windows Server 日志记录内容

借助这些日志，在链路与服务正常的情况下，可以看到更新失败的原因，进而进行排障。在云场景下，更新与升级系统都是高危的现网操作，建议执行操作前使用磁盘快照进行备份，以避免因为系统环境比较复杂，在更新后出现非预期的问题。

8.3　更新问题实战案例

8.3.1　补丁安装报错 80070005

（1）检查 C:\Windows\Logs\CBS\CBS.log 日志，如图 8-12 所示，可以看到在解压补丁的时候报错 0x80070005-E ACCESSDENIED，此类报错多与第三方组件相关。

```
CSB  Failed to extract files from cabinet
\\?\C:\Windows\SoftwareDistribution
Download\7283a99402007587b0c211306f0d7247\Windows6.1-KB4499164-x64.cab
[HRESULT = 0x80070005-E ACCESSDENIED]
```

图 8-12　80070005 安装失败

（2）通过收集 procmon 日志，看到某第三方软件（安全狗）一直对文件进行读/写请求，如图 8-13 所示，引导卸载安全狗软件后问题解决。

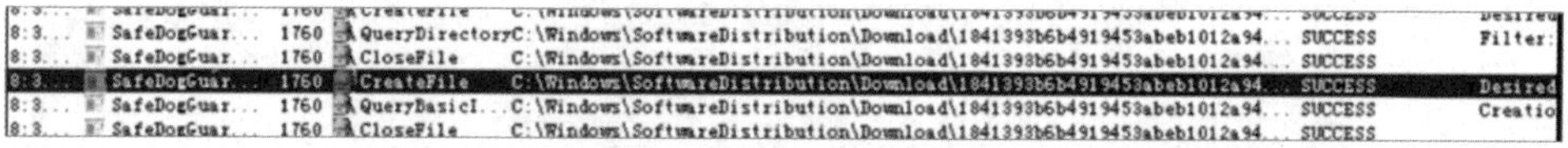

图 8-13　通过 procmon 观察到第三方软件的读/写情况

8.3.2　补丁更新失败

（1）通过更换更新源来检查是否存在更新源异常问题导致更新失败，除了注册表中更新地址需要更新，组策略方面也需要进行对应更新，具体步骤是运行 gpedit.msc，依次打开计算机配置→管理模板→Windows 组件→Windows 更新→指定 Intranet Microsoft 更新服务位置，改为已禁用，如图 8-14 所示。

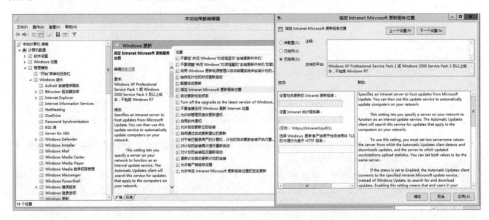

图 8-14　禁用更新源，采用默认微软更新源

（2）执行 gpupdate /force 命令，检查是否恢复正常，更新这个选项的原因是有时更新失败可能是 WSUS 源不稳定导致，采用默认更新源来验证到底是更新源的问题还是系统本身存在问题会更加便捷。

8.3.3　补丁更新失败回滚

（1）发现补丁更新失败，就检查了 C:\Windows\Logs\CBS\CBS.log 日志，发现安装补丁时存在回滚（RollBack），如图 8-15 所示。

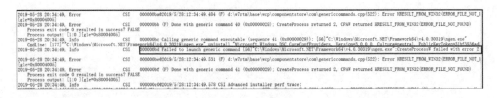

图 8-15　补丁回滚（RollBack）

（2）继续分析回滚（RollBack）日志，发现最近的报错是执行 C:\Windows\Microsoft.NET\Framework64\v4.0.30319\ngen.exe 时候产生的，如图 8-16 所示。

图 8-16　ngen 报错

（3）在这个案例中，对对应文件夹进行检查，发现 C:\Windows\Microsoft.NET\Framework64\v4.0.30319 缺失了 ngen.exe，同时该文件夹下还缺失了很多其他文件，如图 8-17 所示，这种情况大概率是系统损坏导致的，建议重装系统。

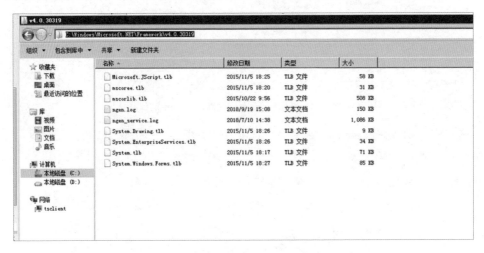

图 8-17　对应文件夹中的文件

第三篇
终极高手篇

## 第 9 章

Windows 内存性能分析

第二篇主要介绍了 Windows 系统在云上发生的各类典型问题以及具有代表性的真实案例。本篇将主要介绍 Windows 性能问题和内核转储调试的基本原理及实际案例分析。本章主要介绍 Windows 内存性能问题的分析。

9.1 节将详细介绍 Windows 系统内存性能，9.2 节以线上具有代表性的真实案例来介绍如何对内存性能问题进行排查定位。

9.1 Windows 内存性能介绍

使用 Windows 服务器的读者可能遇到过系统响应缓慢、卡顿和死机等性能问题，这类问题通常是系统资源不足，如内存资源不足导致的。下面将具体介绍物理内存、虚拟内存及内存资源的各种类型。

9.1.1 物理内存

物理内存又称为 RAM（Random Access Memory，随机存取存储器），是指可以按照任何顺序读取或修改数据的一类存储器。物理内存是计算机中非常重要的资源，用来存储操作系统和应用程序运行时所需的信息。物理内存是唯一能与 CPU 直接交互数据的存储资源，而且读写速度非常快。

物理内存的上限和硬件限制、系统架构与 Windows 操作系统版本都有关联，默认 x86 系统物理内存上限是 4GB。在 Windows Server 2003 和 Windows Server 2008 中，如果支持并开启了 PAE[①]功能，x86 服务器的物理内存上限可以超过 4GB。以 Windows Server 2003 企业版为例，开启 PAE 功能后物理内存上限为 64GB。x64 系统物理内存上限理论值是 16EB，实际受限于操作系统，目前 Windows Server 2016 的物理内存上限为 24TB。

在系统属性中可以查看当前系统的物理内存大小，右击"这台电脑"，选择"属性"命令，其中安装内存表示当前系统的物理内存大小，如图 9-1 所示。示例表示物理内存大小为 8GB，其中操作系统可用的为 7.86GB。

图 9-1　物理内存大小

9.1.2　虚拟内存

虚拟内存是内存管理的一种技术。在 Windows 系统中，应用程序和系统进程

---

① 物理地址扩展（Physical Address Extension）简称 PAE，是 x86 处理器的一个功能，允许 x86 服务器访问超过 4GB 的物理内存。

通过虚拟内存地址访问内存，虚拟内存地址自动转化为硬件提供的物理内存地址。在可用物理内存不充足的情况下，系统会将不活跃的内存页面移动到计算机的磁盘中，以释放物理内存。通过虚拟内存，操作系统和应用程序可以使用超过物理内存大小的内存。

在 Windows 系统中，被移出的页面存放在磁盘根目录下的一个隐藏文件（pagefile.sys）中，因此虚拟内存也称为分页文件（Page File）。系统当前配置的分页文件大小可通过"虚拟内存"对话框（"系统属性"→"高级"→"性能"→"设置"）查看，如图 9-2 所示。

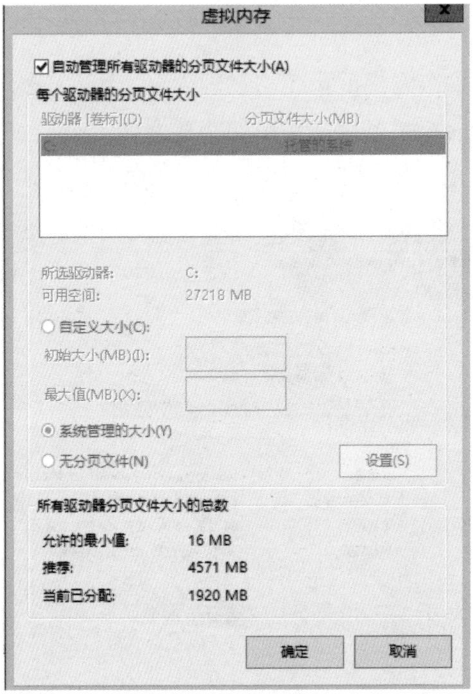

图 9-2　"虚拟内存"对话框

虚拟内存大小的设置取决于系统的内存负载情况。对于物理内存非常充足的服务器，可以不配置虚拟内存；对于物理内存不足的服务器，可以根据实际内存负载进行配置，通常建议配置为物理内存的 1.5 倍大小。

9.1.3　内存分类

在任务管理器中，可以看到内存的具体使用情况，包括使用中、可用、已缓存等，如图 9-3 所示。

图 9-3　内存使用情况

各类内存详细信息如表 9-1 所示。

表 9-1　内存详细信息

内 存 分 类	详 细 信 息
使用中	表示操作系统、进程和驱动已经使用的物理内存大小
可用	表示当前系统剩余可用的物理内存大小
为硬件保留的内存	表示为 BIOS 及硬件设备驱动预留的内存大小
已提交	展示形式是当前已提交/总提交上限，总提交上限为物理内存和页面文件大小的总和
已缓存	表示缓存数据占用的物理内存大小，包括备用和已修改内存
页面缓冲池	Windows 系统把虚拟地址分为用户地址空间和内核地址空间，页面缓冲池是在内核地址空间中，用来存放系统内核和驱动程序数据的内存资源。页面缓冲池可以将数据写到磁盘的页面文件中
非页面缓冲池	相对页面缓冲池，非页面缓冲池表示数据必须存放在物理内存中，而不能写到磁盘的页面文件中

在任务管理器"性能"页面单击"打开资源监视器"，在资源监视器中记录了物理内存具体的分配情况，如图 9-4 所示。

图 9-4　物理内存分配情况

物理内存的分配包括"为硬件保留的内存""正在使用""已修改""备用""可用"，具体信息如表 9-2 所示。

表 9-2　物理内存详细信息

内 存 分 类	详 细 信 息
为硬件保留的内存	表示为 BIOS 以及硬件设备驱动预留的内存大小
正在使用	表示操作系统、进程和驱动已经使用的物理内存大小
已修改	只有在内存数据保存到磁盘后，这段内存才能被其他进程使用
备用	包含缓存信息，内存不足时，备用内存可被其他进程使用
可用	不包含任何数据的空闲内存，当进程需要使用内存时，优先使用可用内存

图 9-4 最下方展示的是系统已安装内存的状态信息，包括"可用""缓存""总数""已安装"，这些内存状态的详细信息如表 9-3 所示。

表 9-3　已安装内存状态的详细信息

内 存 状 态	详 细 信 息
可用	表示操作系统、进程和驱动可以立刻使用的内存，该可用内存为表 9-2 中可用和备用内存的总和
缓存	包含缓存信息，该缓存大小为备用和已修改内存的总和
总数	表示操作系统、进程和驱动可使用的总的内存大小，"总数"大小为已安装内存减去为硬件保留的内存大小
已安装	表示计算机安装的物理内存总量

9.2　Windows 内存性能问题案例

服务器响应缓慢，查看任务管理器内存使用比例已经到 98%，如图 9-5 所示。

图 9-5　内存占用高

从图 9-5 可以看到，内存使用已经接近上限，判断响应缓慢是由内存不足导致的，之后需要查看是什么占用了内存。查看任务管理器→"性能"页面，发现非页面缓冲池占用内存最高（占用 7.1GB，物理内存总量为 7.9GB），如图 9-6 所示。

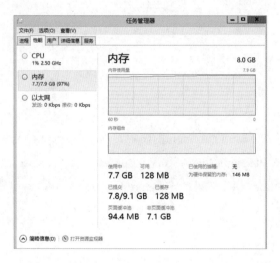

图 9-6　任务管理器"性能"页面

对于非页面缓冲池内存占用高的问题，可以通过 poolmon[①]日志查看缓冲池占用内存的具体情况，需要先安装 WDK（Windows Driver Kit，Windows 驱动程序安装包）。

---

① poolmon 日志是由微软公司提供的工具 poolmon.exe 收集页面缓冲池和非页面缓冲池占用情况的日志。

从链接 3（本书正文中提及的"链接 1""链接 2"等，可添加封底【读者服务】处客服好友，发送"五位书号"获取链接）下载 WDK 到服务器并安装，双击下载的 wdksetup.exe，按照提示依次单击 Next 按钮完成安装，如图 9-7 所示。

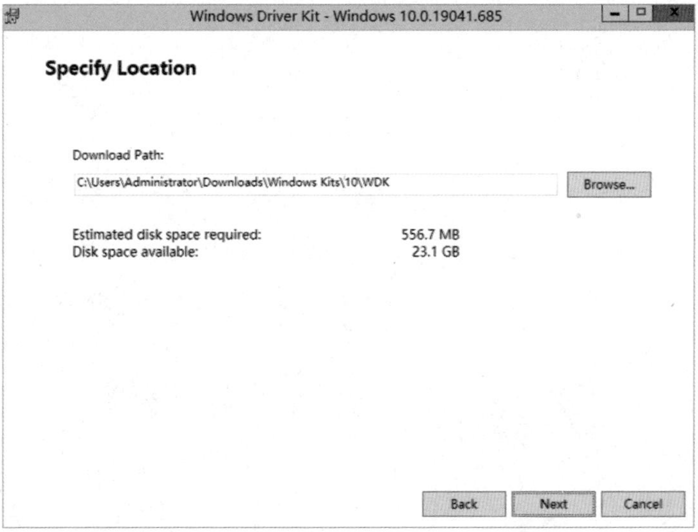

图 9-7　安装 WDK

WDK 安装完成后默认 poolmon 的路径是 C:\Program Files(x86)\Windows Kits\10\Tools\x64 或 C:\ProgramFiles (x86)\Windows Kits\10\Tools\x86。本示例服务器是 x64 服务器，poolmon 的路径是 C:\Program Files (x86)\Windows Kits\10\Tools\x64。

在命令行执行如下命令，收集 poolmon 日志，如图 9-8 所示。

```
cd <poolmon.exe 的路径>
poolmon -u -n c:\pool.txt  (-u 表示按照占用大小排序)
```

图 9-8　收集 poolmon 日志

之后打开 C:\pool.txt，查看非页面缓冲池的具体使用情况，如图 9-9 所示，poolmon 日志输出结果共包含 7 列：

第 1 列：为 Tag（标志）名称。

第 2 列：为 Type（类型），其中 Nonp 表示非页面缓冲池，是 Nonpaged Pool 的缩写，Paged 表示页面缓冲池，是 Paged pool 的缩写。

第 3 列：Allocs 表示分配的页面缓冲池/非页面缓冲池的个数。

第 4 列：Frees 表示可用页面缓冲池/非页面缓冲池的个数。

第 5 列：Diff 表示页面缓冲池/非页面缓冲池分配个数减去可用个数。

第 6 列：Bytes 表示分配的页面缓冲池/非页面缓冲池的具体大小（以字节为单位）。

第 7 列：Per Alloc 表示每次分配的页面缓冲池/非页面缓冲池的字节大小。

在实际问题分析中，我们主要关注第 6 列 Bytes，本示例中 Tag 为 Leak 的组件占用 Nonp（Nonpaged Pool，非页面缓冲池）内存最高为 7567360000 Bytes（大约为 7.05GB）。

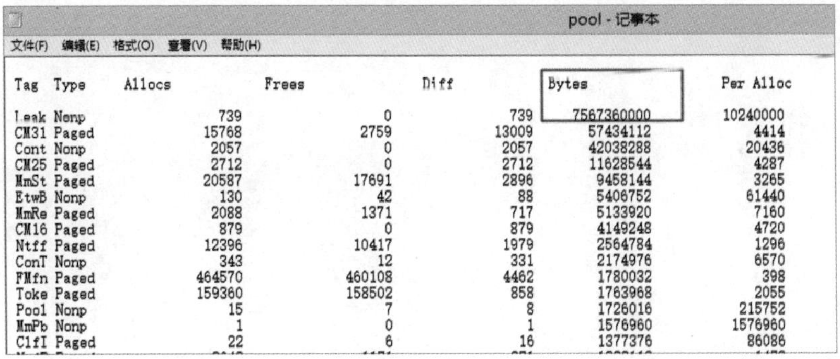

Tag	Type	Allocs	Frees	Diff	Bytes	Per Alloc
Leak	Nonp	739	0	739	7567360000	10240000
CM31	Paged	15768	2759	13009	57434112	4414
Cont	Nonp	2057	0	2057	42038288	20436
CM25	Paged	2712	0	2712	11628544	4287
MmSt	Paged	20587	17691	2896	9458144	3265
EtwB	Nonp	130	42	88	5406752	61440
MmRe	Paged	2088	1371	717	5133920	7160
CM16	Paged	879	0	879	4149248	4720
Ntff	Paged	12396	10417	1979	2564784	1296
ConT	Nonp	343	12	331	2174976	6570
FMfn	Paged	464570	460108	4462	1780032	398
Toke	Paged	159360	158502	858	1763968	2055
Pool	Nonp	15	7	8	1726016	215752
MmPb	Nonp	1	0	1	1576960	1576960
ClfI	Paged	22	6	16	1377376	86086

图 9-9 非页面缓冲池占用情况

从 poolmon 日志看到，Tag 为 Leak 的组件占用内存最高，之后需要查找 Tag 为 Leak 的组件具体是什么驱动或者应用程序。执行如下命令进行查找。

```
C:
cd\
findstr /m /l /s Leak *.sys （查找对应的驱动程序，驱动程序以.sys 结尾，Leak 需要替换为 poolmon 日志中占用内存最高的 Tag 名称）
```

如果以上命令未查到驱动程序，执行以下命令继续查找对应的应用进程。

```
findstr /m /l /s Leak *.exe
```

如图 9-10 所示，输出表示 Tag 对应的进程可能为 umdh 或者 notmyfault，示例为 notmyfault64.exe。

图 9-10 查找对应的驱动程序或进程

找到对应的驱动程序或进程后，可以联系供应商升级到最新版本或者将其临时卸载后再观察。

## 第 10 章

Windows 性能分析工具

在实际使用 Windows 的过程中，我们会遇到系统运行卡顿的场景。CPU 是计算机的运算中心和控制中心，CPU 高负荷运转，或者 CPU 进行了不合理的等待或者休眠，是操作系统和应用程序中的大部分卡顿问题的直接原因。确定系统卡顿的原因是运维人员的必备技能之一。

本章将简单介绍使用微软的性能分析工具集 Windows Performance Toolkit（简称 WPT）定位系统卡顿的方法。WPT 是进行微软操作系统性能分析的必备工具，提供了强大的分析功能，能全面收集性能数据并分析线程的 CPU 占用、线程状态切换、驱动软件的中断服务例程和延迟过程调用的 CPU 占用等。

10.1 下载并安装 WPT 工具集

WPT 集成在 Windows 评估和部署工具包（Windows Assessment and Deployment Kit，Windows ADK）中，可在微软官网搜索对应版本的 Windows ADK 并下载。

下载 Windows ADK 后，双击运行 adksetup.exe。如图 10-1 所示，在 Windows ADK 安装界面只需要勾选 Windows Performance Toolkit 复选框，单击"安装"按钮即可。

图 10-1　Windows ADK 安装界面

Windows ADK 安装完成后，系统中会增加两个工具：

- Windows Performance Recorder（简称 WPR），用于系统性能采集。

- Windows Performance Analyzer（简称 WPA），用于系统性能分析。

10.2　使用 WPT 进行系统卡顿诊断

本节将通过一个简单的模拟场景来介绍如何使用 WPT 工具集进行系统卡顿分析。

10.2.1　使用 WPR 收集性能数据

首先我们准备一个有问题的驱动 testProc.sys。如图 10-2 所示，该驱动注册了一个进程回调函数 CreateProcessRoutineSpy()，该函数中会执行一个非常耗时的累加计数循环。这造成了系统每个进程启动时都会有明显的卡顿。

```
VOID
CreateProcessRoutineSpy(
    IN HANDLE  ParentId,
    IN HANDLE  ProcessId,
    IN BOOLEAN  Create
)
{
    if (Create)
    {
        ULONGLONG j = 0;
        for (size_t i = 0; i < 10000000000; i++)
        {
            j += i;
        }
        DbgPrint("j=%d\n", j);
        KdPrint(("[SysTest] Process Created. ParentId:(%d) ProcessId:(%d).\n", ParentId, ProcessId));
    }
    else
    {
        KdPrint(("[SysTest] Process Terminated ProcessId:(%d).ParentId:(%d) .\n", ProcessId, ParentId));
    }
}
```

图 10-2　构造 CPU 高耗时代码片段

下面我们通过 WPR 工具从现象确定造成这个卡顿的具体位置。

启动 WPR，勾选 Resource Analysis 下面的 CPU usage 复选框，用以采集 CPU 运行数据，如图 10-3 所示。

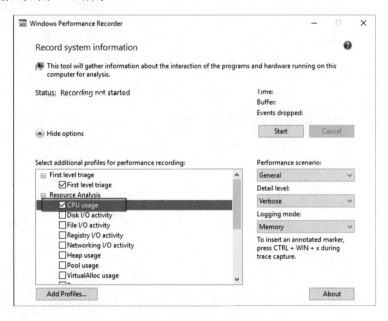

图 10-3　WPR 启动界面

单击 Start 按钮，WPR 工具开始采集 CPU 性能数据，右侧 Time 字段显示当前耗时，如图 10-4 所示。

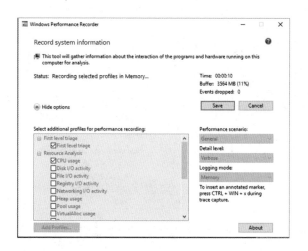

图 10-4　WPR 采集界面

接下来，开始构造系统卡顿场景：

第一步，加载驱动 testProc.sys，此后所有的进程启动都会有明显的等待。

第二步，通过命令行控制台（cmd.exe）多次启动记事本应用程序（notepad.exe）。

此时，卡顿场景下的性能数据已经被采集到，可以将性能数据保存到文件中供分析用。如图 10-5 所示，单击 Save 按钮。

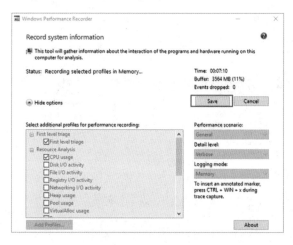

图 10-5　WPR 采集完毕界面

　　在打开的文件保存对话框中，选择性能数据文件保存的目录，再次单击 Save 按钮，如图 10-6 所示。

图 10-6　WPR 文件保存界面

最终生成了 Windows 性能数据文件 iZ7x67sd6ex0qqZ.07-28-2021.17-02-54.etl。

10.2.2　使用 WPA 分析性能数据

　　双击 10.1.2 节中使用 WPR 工具生成的 iZ7x67sd6ex0qqZ.07-28-2021.17-02-54.etl 文件，WPA 工具会默认打开并加载该文件。

　　初次使用时，需要配置符号文件路径并加载符号，如图 10-7 所示。加载符号这一过程非常耗时，需要耐心等待。加载符号后方便我们定位到具体的函数。

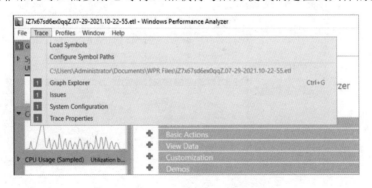

图 10-7　WPA 加载性能数据（符号）文件

由于我们需要确定 CPU 执行耗时的原因，所以待符号表加载完毕后，在 WPA 工具左侧导航栏中展开 Computation，双击 CPU Usage(Sampled)，如图 10-8 所示。

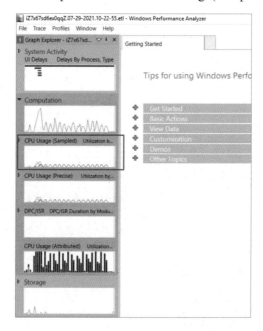

图 10-8　通过 WPA 查看 CPU 消耗时间

在 WPA 工具右侧打开的进程详情中，可以查看所有进程的 CPU 消耗时间。在本例中，如图 10-9 所示，单击 Count 栏的标题，将 CPU 消耗时间按降序排列，可以明显看出 cmd.exe 进程消耗的 CPU 时间明显比其他进程长。

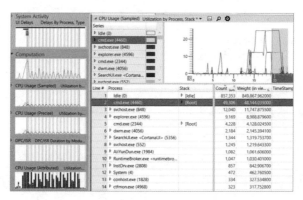

图 10-9　通过 WPA 查看进程的 CPU 消耗时间详情

单击 cmd.exe 所在行 Stack 列单元格中的小箭头，逐级展开进程堆栈，如图 10-10 所示。

Line #	Process	Stack	Count	Weight (in vie...	TimeStamp (s)
1	Idle (0)	▷ [Idle]	857,353	849,867.962000	
2	cmd.exe (44...	▼ [Root]	49,306	48,144.039000	
3		|- ntdll.dll!RtlUserThreadStart	45,349	44,293.758300	
4		| kernel32.dll!BaseThreadInitThunk	45,349	44,293.758300	
5		| cmd.exe!__mainCRTStartup	45,349	44,293.758300	
6		| cmd.exe!main	45,349	44,293.758300	
7		|- cmd.exe!Dispatch	45,339	44,284.025600	
8		| cmd.exe!FindFixAndRun	45,339	44,284.025600	
9		|- cmd.exe!ECWork	45,336	44,281.139100	
10		▼ |- cmd.exe!ExecPgm	45,332	44,277.220400	
11		|- kernel32.dll!CreateProcessWStub	45,330	44,275.296100	
12		| KernelBase.dll!CreateProcessW	45,330	44,275.296100	
13		| KernelBase.dll!CreateProcessInternalW	45,322	44,267.461900	
14		▼ |- ntdll.dll!ZwCreateUserProcess	45,322	44,267.461900	
15		| ntoskrnl.exe!KiSystemServiceCopyEnd	45,322	44,267.461900	
16		| ntoskrnl.exe!NtCreateUserProcess	45,319	44,264.518300	
17		▼ |- ntoskrnl.exe!PspInsertThread	45,319	44,264.518300	
18		| ntoskrnl.exe!PspCallProcessNotifyRoutines	45,313	44,258.703000	
19		▼ |- testProc.sys! <PDB mismatch>	45,309	44,254.787000	
20		|- testProc.sys! <PDB mismatch> <itself>			
21		▷ | ntoskrnl.exe!KiDpcInterrupt	3	2.938400	
22		▷ | ntoskrnl.exe!KiInterruptDispatchNoLoc...	1	0.977600	
23		▷ |- WdFilter.sys! <PDB not found>	4	3.853500	
24		|- bam.sys!BampCreateProcessCallback	2	1.961800	
25		|- ntoskrnl.exe!PspAllocateProcess	2	1.963800	
26		|- ntoskrnl.exe!MmCreateSpecialImageSection	1	0.979800	
27		|- kernel32.dll!BasepQueryAppCompat	3	2.962600	
28		|- KernelBase.dll!CreateProcessInternalW <itself>	1	0.963600	49.448681600
29		|- KernelBase.dll!_tailMerge_api_ms_win_security...	1	0.996800	
30		▷ |- ntdll.dll!CsrClientCallServer	1	0.964600	
31		▷ |- ntdll.dll!RtlFreeHeap	1	0.970300	
32		|- ntdll.dll!ZwWriteVirtualMemory	1	0.976300	

图 10-10　通过 WPA 查看进程堆栈

展开进程堆栈后可以明显发现哪个模块 CPU 消耗时间最长。在本例中，创建进程这个动作中 testProc.sys 的 CPU 消耗时间最长，至此可以确定卡顿是由 testProc.sys 造成的。

进一步，由于 testProc.sys 这个驱动是我们自己编写的，还可以确定卡顿发生在代码的具体什么位置。这个时候我们首先要配置该驱动的符号文件路径，如图 10-11 所示。

图 10-11　配置驱动的符号文件路径

重新加载符号后，可以进一步展开堆栈，如图 10-12 所示。

Line #	Process	Stack	Count sum	Weight (in vie s	TimeStar
1	Idle (0)	▷ [Idle]	857,353	849,867.962000	
2	cmd.exe (4460)	▼ [Root]	49,306	48,144.039000	
3		|- ntdll.dll!RtlUserThreadStart	45,349	44,293.758300	
4		| kernel32.dll!BaseThreadInitThunk	45,349	44,293.758300	
5		| cmd.exe!__mainCRTStartup	45,349	44,293.758300	
6		| cmd.exe!main	45,349	44,293.758300	
7		▼ |- cmd.exe!Dispatch	45,339	44,284.025600	
8		| | cmd.exe!FindFixAndRun	45,339	44,284.025600	
9		| |- cmd.exe!ECWork	45,336	44,281.139100	
10		▼ | |- cmd.exe!ExecPgm	45,332	44,277.220400	
11		▼ | | |- kernel32.dll!CreateProcessWStub	45,330	44,275.296100	
12		| | | KernelBase.dll!CreateProcessW	45,330	44,275.296100	
13		| | | KernelBase.dll!CreateProcessInternalW	45,330	44,275.296100	
14		▼ | | | ntdll.dll!ZwCreateUserProcess	45,322	44,267.461900	
15		| | | | ntoskrnl.exe!KiSystemServiceCopyEnd	45,322	44,267.461900	
16		| | | | ntoskrnl.exe!NtCreateUserProcess	45,322	44,267.461900	
17		▼ | | | |- ntoskrnl.exe!PspInsertThread	45,319	44,264.518300	
18		| | | | | ntoskrnl.exe!PspCallProcessNotifyRoutines	45,319	44,264.518300	
19		▼ | | | | |- testProc.sys!CreateProcessRoutineSpy	45,313	44,258.703000	
20		▷ | | | | | |- testProc.sys!CreateProcessRoutineSpy <itself>	45,309	44,254.787000	
21		▷ | | | | | |- ntoskrnl.exe!KiDpcInterrupt	3	2.938400	
22		▷ | | | | | |- ntoskrnl.exe!KiInterruptDispatchNoLockNoEtw	1	0.977600	
23		▷ | | | | |- WdFilter.sys!<PDB not found>	4	3.853500	
24		▷ | | | | |- bam.sys!BampCreateProcessCallback	2	1.961800	
25		▷ | | | |- ntoskrnl.exe!PspAllocateProcess	2	1.963800	
26		▷ | | | |- ntoskrnl.exe!MmCreateSpecialImageSection	1	0.979800	
27		▷ | | | |- kernel32.dll!BasepQueryAppCompat	3	2.962600	

图 10-12　通过 WPA 查看进程驱动堆栈

由图 10-12 可以发现，testProc.sys 模块中我们自己实现的 CreateProcessRoutine Spy() 函数有问题，对照图 10-2 中的代码，可以确认卡顿的根本原因是函数中的大循环。

10.3　使用 WPT 定位内存泄漏

内存泄漏或者内存不足也会造成系统卡顿，WPT 工具集也可以定位内存泄漏，基本步骤和 10.2 节介绍的定位系统卡顿几乎一样。

第一步，准备一个有内存泄漏的驱动 testProc.sys，随着运行时间加长，申请的内存逐渐增多。

第二步，启动 WPR，采集项中额外勾选 Pool usage 复选框，单击 Start 按钮开始采集，如图 10-13 所示。

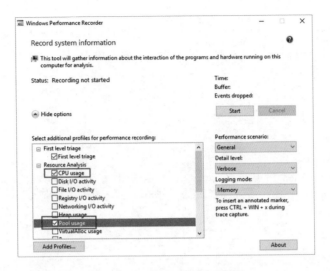

图 10-13　使用 WPR 收集内存数据

第三步，加载驱动 testProc.sys，让系统运行一段时间。

第四步，停止 WPR 采集，保存性能数据。

第五步，双击打开保存的性能数据文件，在 WPA 界面中，展开 Memory，双击 Pool Graghs，如图 10-14 所示。

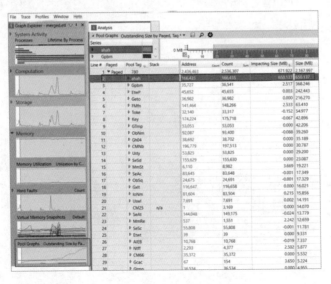

图 10-14　使用 WPA 分析内存数据

　　如图 10-14 所示，Pool Tag 为"ahah"的内存申请量排名第一。和 10.2 节的分析类似，按照内存使用量大小，逐级展开堆栈，如图 10-15 所示。

Line #	Paged	Pool Tag ₓ	Stack	Size (MB)	Sum	Address	Count	Count	Sum	Impacting
1	▼ Paged	780		2,167.997		2,436,463		2,536,307		671.922
2		▼ ahah		650.137		166,435		166,435		650.137
3			▼ [Root]	650.133		166,434		166,434		650.133
4			▼ |- ntdll.dll!RtlUserThreadStart	601.563		154,000		154,000		601.563
5			| kernel32.dll!BaseThreadInitThunk	601.563		154,000		154,000		601.563
6			▼ | |- cmd.exe!_mainCRTStartup	476.563		122,000		122,000		476.563
7			| | cmd.exe!main	476.563		122,000		122,000		476.563
8			| | cmd.exe!Dispatch	476.563		122,000		122,000		476.563
9			| | cmd.exe!FindFixAndRun	476.563		122,000		122,000		476.563
10			| | cmd.exe!ECWork	476.563		122,000		122,000		476.563
11			| | cmd.exe!ExecPgm	476.563		122,000		122,000		476.563
12			| | kernel32.dll!CreateProcessWStub	476.563		122,000		122,000		476.563
13			| | KernelBase.dll!CreateProcessW	476.563		122,000		122,000		476.563
14			| | KernelBase.dll!CreateProcessInternalW	476.563		122,000		122,000		476.563
15			| | ntdll.dll!ZwCreateUserProcess	476.563		122,000		122,000		476.563
16			| | ntoskrnl.exe!KiSystemServiceCopyEnd	476.563		122,000		122,000		476.563
17			| | ntoskrnl.exe!NtCreateUserProcess	476.563		122,000		122,000		476.563
18			| | ntoskrnl.exe!PspInsertThread	476.563		122,000		122,000		476.563
19			| | ntoskrnl.exe!PspCallProcessNotifyRoutines	476.563		122,000		122,000		476.563
20			| | testProc.sys!CreateProcessRoutineSpy	476.563		122,000		122,000		476.563
21			| | testProc.sys!TEST_ALLOCATE_MEM	476.563		122,000		122,000		476.563
22			| | ntoskrnl.exe!ExAllocatePoolWithTag	476.563		122,000		122,000		476.563
23			| | ntoskrnl.exe!ExAllocateHeapPool	476.563		122,000		122,000		476.563
24			| |	0.004		0xFFFFE70626FCB000	1			0.004
25			| |	0.004		0xFFFFE70626FCC000	1			0.004
26			| |	0.004		0xFFFFE70626FCD0...	1			0.004

图 10-15　使用 WPA 分析堆栈

　　如图 10-15 所示，testProc.sys 驱动在进程创建回调函数中申请了系统 Paged Pool 中约 1/3 的内存，就是它占用了太多的内存。

　　本章展示了 WPA 工具的两种简单场景分析方法，实际使用中遇到的场景通常更加复杂，需要综合运用多种手段，仔细观察，耐心分析。

## 第 11 章

Windows dump 内核调试

本章主要介绍 Windows dump 内核调试的基本原理及实际案例分析。11.1 节介绍 Windows dump 的基本原理，11.2 节介绍分析 Windows dump 的调试工具，11.3 节以实际案例介绍如何对 dump 进行分析。

11.1 Windows dump 的基本原理

Windows dump 又称为内存转储，在发生 Windows 蓝屏的时候会自动生成内存转储文件，内存转储文件包含了发生蓝屏时系统的内存信息。内存转储文件对解决系统蓝屏、死机等问题有很大帮助，可以定位这些问题。

11.1.1 内存转储类型

Windows Server 2012 之后，内存转储共有四种类型：完全内存转储、核心内存转储、小内存转储和自动内存转储。Windows Server 2016 之后又增加了一种类型：活动内存转储，以下具体介绍这些转储类型。

完全内存转储：该类型生成的内存转储文件最大，包含服务器所有物理内存的信息，既包括内核态的内存信息，也包括用户态的内存信息，完全内存转储文件的大小通常为物理内存的大小。完全内存转储文件默认生成路径是%SystemRoot%\Memory.dmp，如果发生了第二次蓝屏并且生成了新内存转储文件，默认情况下旧的转储文件会被覆盖。

核心内存转储：该类型转储文件只包含 Windows 系统内核态的内存信息，不包括用户态的内存信息。该类型转储文件大小小于完全内存转储，实际占用大小和当时系统运行状态有关，不同服务器的核心内存转储文件大小是不一样的。在实际问题排查中，核心内存转储较为常用。核心内存转储文件默认生成路径是%SystemRoot%\Memory.dmp，如果发生了第二次蓝屏并且生成了新内存转储文件，默认情况下旧的转储文件会被覆盖。

小内存转储：该类型转储文件占用空间最少，通常是几百 KB；仅包括蓝屏代码、相关参数、发生崩溃的进程和线程信息以及少量的内核信息等，在实际问题分析中有可能无法确定根本原因，磁盘空间充足的情况下，建议配置成其他类型的内存转储。小内存转储文件存放的父目录是%SystemRoot%\Minidump，如果服务器生成了第二个小内存转储文件，之前的小内存转储文件不会被覆盖，小内存转储文件以发生蓝屏的日期进行命名，如 011719-01.dmp，表示该文件生成于 2019年 1 月 7 日。

自动内存转储：该类型转储文件包含的信息和核心内存转储一样，自动内存转储和核心内存转储的区别在于设置的虚拟内存大小不同，虚拟内存会在 11.1.2节中具体介绍。自动内存转储文件默认生成路径是 %SystemRoot%\Memory.dmp，Windows 8 及 Windows Server 2012 之后的系统才有该类型转储文件。

活动内存转储：该类型转储文件和完全内存转储类似，但是筛选出部分内存信息，因此活动内存转储文件通常要比完全内存转储文件小。活动内存转储文件不包括空闲内存信息，如果服务器中存在虚拟机，那么宿主机的活动内存转储文件不包含虚拟机相关的内存信息。活动内存转储文件默认生成路径是%SystemRoot%\Memory.dmp，Windows 11 及 Windows Server 2016 之后的系统才有该类型转储文件。

11.1.2　生成内存转储文件

发生蓝屏异常时，系统会生成内存转储文件，内存转储需要通过虚拟内存将内存转储文件写到磁盘上，因此生成内存转储文件需要足够的虚拟内存。虚拟内存是存在于磁盘上的一个隐藏系统文件。

1.　配置虚拟内存

右击"这台电脑"，选择"属性"命令，如图 11-1 所示。

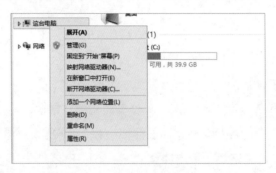

图 11-1　选择"属性"命令

单击"高级系统设置"，在"高级"选项卡下，单击"设置"按钮，如图 11-2 所示。

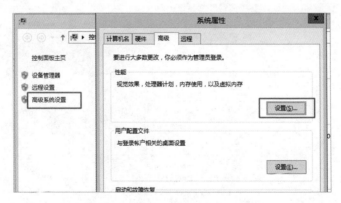

图 11-2　高级系统设置

在弹出的"性能选项"对话框中，选择"高级"选项卡，在"虚拟内存"组中单击"更改"按钮，如图 11-3 所示。

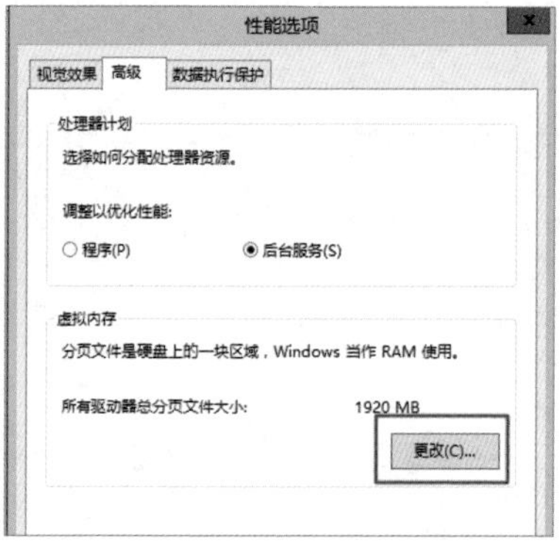

图 11-3　更改虚拟内存

在"虚拟内存"对话框中，设置虚拟内存大小，实际问题排查中，建议取消勾选"自动管理所有驱动器的分页文件大小"复选框，手动配置"自定义大小"，如图 11-4 所示。虚拟内存大小和内存转储类型相关，完全内存转储和活动内存转储需要配置至少和物理内存大小相同的虚拟内存，通常建议为物理内存加 257MB（Mbyte 的缩写，表示兆字节）的大小。例如，物理内存是 8GB，则虚拟内存设置为（8×1024+257）MB，即 8449MB。核心内存转储和自动内存转储对应的虚拟内存建议为物理内存+128MB 大小，小内存转储需要配置至少 2MB 以上的虚拟内存。

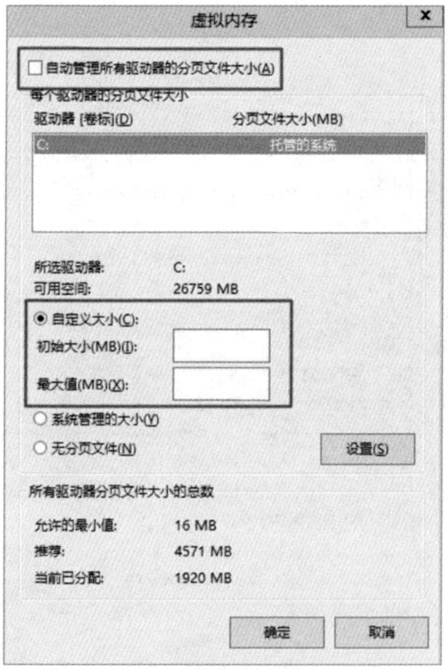

图 11-4　设置虚拟内存

2．配置内存转储

在"系统属性"对话框的"高级"选项卡下，单击"启动和故障恢复"组中的"设置"按钮，如图 11-5 所示。

图 11-5　设置启动和故障恢复

根据实际需求，设置内存转储类型和转储文件存放路径，如图 11-6 所示，默认转储类型为自动内存转储，转储文件路径是"%SystemRoot%\MEMORY.DMP"。

图 11-6　设置内存转储类型和转储文件存放路径

以上配置需要重启服务器才能生效。

3. 手动生成内存转储

配置完成后可通过微软内部工具 notmyfault 进行测试，手动生成内存转储。

从链接 4（本书正文中提及的"链接 1""链接 2"等时，可添加封底【读者服务】处客服好友，发送"五位书号"获取链接）下载此工具，解压后，根据系统版本选择对应程序，x86 系统选择 notmyfault，x64 系统选择 notmyfault64，之后右击，选择"以管理员身份运行"命令，如图 11-7 所示。

图 11-7　以管理员身份运行 notmyfault 64

在弹出的对话框中，单击 Crash 按钮，如图 11-8 所示。

图 11-8　单击 Crash 按钮

之后触发系统蓝屏重启，系统再次启动后会在默认路径下生成转储文件 C:\Windows\MEMORY.DMP，如图 11-9 所示。

图 11-9　MEMORY.DMP 文件

11.2　云服务器 dump 介绍和使用

11.1 节介绍了 Windows dump 的原理和在 Windows 系统内部配置内存转储文件的方法。然而，随着云计算的发展，越来越多的 Windows 服务器建立在虚拟化层之上。当建立在云上的 Windows 出现问题时，不仅可以通过配置操作系统内部的 dump 生成内存转储文件，还可以通过底层的虚拟化工具抓取 ELF（**Executable and Linkable Format**，可执行连接格式）内存转储文件，并进一步转化为标准的 Windows dump 供分析。

本节将简单介绍通过虚拟化层抓取 Windows 内存转储文件的方式，以帮助云服务器管理员更好地发现和排查云环境下 Windows 系统蓝屏、卡顿等问题，主要流程为：

（1）通过虚拟化工具抓取 Linux ELF 内存文件。

（2）通过转换工具将 ELF 文件转换为 Windows DMP 格式内存文件。

（3）分析 Windows 标准 DMP 内存转储文件。

本节将逐一讲解各步骤所用工具和命令。

11.2.1　生成 ELF 内存转储文件

通过虚拟化的管理工具 libvirt 的 virsh dump 命令，可以针对 Windows 实例生成一个 ELF 的核心转储文件。具体命令格式如下：

```
virsh dump domain corefilepath [--bypass-cache] {--live | --crash | --reset} [--verbose] [--memory-only] [--format=format]
```

其中：

- --bypass-cache
  此选项指不经宿主机的系统缓冲，对生成的转储文件内容无影响，但是会降低转储文件生成的速度。

- --live
  此选项指生成转储文件，无须通过 libvirt 命令先停止或者暂停 Windows 实例。

- --crash
  此选项指让 Windows 实例系统进入 crash 状态，而不是正常状态。

- --reset
  此选项指在 Windows 实例生成转储文件后，系统会被重置。

- --verbose
  此选项指详细显示生成转储文件的进度。

- --memory-only
  此选项将创建一个转储文件，其中包括 Windows 实例的内存和 CPU 寄存器信息。一般均使用此选项来生成转储分析文件。

- --format=format

此选项将指定以下格式：

```
elf - the default, uncompressed format
kdump-zlib - kdump-compressed format with zlib compression
kdump-lzo - kdump-compressed format with LZO compression
```

```
kdump-snappy - kdump-compressed format with Snappy compression
```

例如，对于阿里云线上的 Windows Server 2012 实例（实例名为 i-win2012），可以使用如下命令生成名为 win2012.raw 的转储文件：

```
virsh dump --live i-win2012 win2012.raw --memory-only
```

11.2.2　生成 DMP 格式内存转储文件

有一个 Volatility 的开源工具，它可实现跨平台兼容，能够提供各种强大的命令，其中一个功能就是支持把 Linux 的内存转储文件转换为 Windows 内核转储文件。目前最新的 Volatility 版本支持到 Windows 11/Server 2016。具体支持的 Windows 版本信息可通过其官网查询。Volatility 开源的是 Python 版本，另外还有一个闭源的 PE 格式版本文件。

例如，将上文生成的 win2012.raw 转成 Windows 版本的 core2012.dmp，命令如下：

```
python vol.py -f win2012.raw --profile=Win2012x64 raw2dmp -O
core2012.dmp
```

或者

```
Volatility win2012.raw --profile=Win2012x64 raw2dmp -O core2012.dmp
```

11.2.3　分析标准的 Windows 内核转储文件

如上文所述，内存转储文件格式转化完毕，可以直接用 WinDbg 打开 Windows 标准的 DMP 格式内存转储文件，进行问题分析，具体分析方法见 11.3 节，在此不赘述。

最后，随着云计算的飞速发展，QEMU 和 Windows Virtio 驱动也在不断发展和更新，云环境中定位 Windows 实例相关问题的方法远远不局限于此，例如可使用 pvpanic、fw_cfg 等更方便和高级的手段，在此不再展开叙述，有兴趣的读者可以自行阅读相关资料。

11.3　Windows 调试工具

11.2 节介绍了 Windows 内存转储的类型以及如何生成内存转储文件，本节介绍用来分析内存转储文件的工具，即 Windows Debugger 工具，又称为 Windows 调试工具，简称为 WinDbg。WinDbg 可以用来分析用户态及内核态内存转储文件。

11.3.1　安装 WinDbg 工具

WinDbg 工具包含在 Windows SDK（全称是 Windows Software Development Kit），又称为 Windows 软件开发工具包中。

从链接 5（本书正文中提及的"链接 1""链接 2"等，可添加封底【读者服务】处客服好友，发送"五位书号"获取链接）下载 Windows SDK，根据系统版本选择对应版本的 SDK，Windows Server 2012R2 及之后版本的系统建议下载最新版本的 Windows 10 SDK，如图 11-10 所示。

图 11-10　Windows 10 SDK

下载完成后，运行 winsdksetup.exe，在安装界面，只勾选 Debugging Tools for Windows 复选框，之后单击 Install 按钮，如图 11-11 所示。

安装完成后，根据 Windows 服务器的操作系统版本选择对应的 WinDbg 工具，x86 系统选择 WinDbg(x86)，x64 系统选择 WinDbg(x64)。

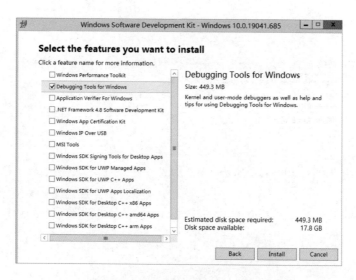

图 11-11　勾选 Debugging Tools for Windows 复选框

11.3.2　配置调试符号

Windows 调试符号文件以.pdb 结尾，符号文件包括全局变量、局部变量、函数名称等内容，符号文件在分析内存转储文件时非常重要。在进行调试或者分析内存转储文件时，需要先配置好对应系统版本或应用程序的符号文件。

符号文件分为公共符号和私有符号。私有符号包括函数、全局变量、局部变量、定义好的结构体、类和数据类型以及源码文件路径等；公共符号仅包括函数、全局变量。公共符号可以看作私有符号的子集。针对 Windows 操作系统的符号文件，我们仅能配置公共符号。

微软公司不再提供离线符号文件包，官方获取符号文件的方式是通过符号服务器，微软公共符号服务器的地址为 https://msdl.microsoft.com/downlod/symbols，可通过以下方式进行配置。

1．命令行

执行如下命令，如图 11-12 所示，其中 c:\Symbols 为本地计算机存放符号文件缓存的路径，可根据实际情况替换为其他路径。

```
SETX _NT_SYMBOL_PATH
srv*c:\Symbols*https://msdl.microsoft.com/download/symbols
```

图 11-12　以命令行方式配置符号服务器

2．通过 WinDbg 图形化界面

打开 WinDbg，选择 File→Symbol File Path 命令，如图 11-13 所示。

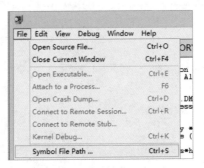

图 11-13　选择 Symbol File Path 命令

输入 srv*c:\Symbols*https://msdl.microsoft.com/download/symbols，勾选 Reload 复选框后单击 OK 按钮，如图 11-14 所示。其中 c:\Symbols 为本地计算机存放符号文件缓存的路径，可根据实际情况替换为其他路径。

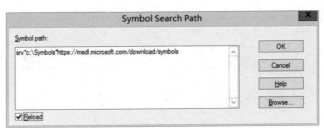

图 11-14　设置符号文件路径

3．使用 WinDbg 命令行

使用 WinDbg 打开转储文件后，执行如下命令，如图 11-15 所示。其中

c:\Symbols 为本地计算机存放符号文件缓存的路径，可根据实际情况替换为其他路径。

.sympath srv*c:\Symbol*https://msdl.microsoft.com/download/symbols

```
0: kd> .sympath srv*c:\Symbol*https://msdl.microsoft.com/download/symbols
Symbol search path is: srv*c:\Symbol*https://msdl.microsoft.com/download/symbols
Expanded Symbol search path is: srv*c:\symbol*https://msdl.microsoft.com/download/symbols

************* Path validation summary **************
Response                     Time (ms)     Location
Deferred                                   srv*c:\Symbol*https://msdl.microsoft.com/download/symbols
```

图 11-15　用.sympath 命令设置符号文件路径

11.3.3　WinDbg 常用命令

11.3.1 和 11.3.2 两节，我们已经安装了 WinDbg 工具并且配置了符号文件，接下来就可以对转储文件进行具体分析，本节主要介绍在分析内存转储文件时常用的命令。

使用 WinDbg 打开一个内存转储文件 memory.dmp，看到图 11-16 所示界面。该界面包含转储文件路径、符号服务器地址等。以图 11-16 所示为例：

转储文件路径是 C:\Windows\MEMORY.DMP。

符号文件本地缓存路径是 c:\Symbols，符号服务器地址为 https://msdl.microsoft.com/download/symbols。

系统版本是 Windows 8.1 Kernel Version 9600 MP (2 procs) Free x64。

生成内存转储文件的时间是 Tue Mar 23 15:04:52.588 2021 (UTC + 8:00)。

系统启动时间是 0 days 22:12:28.477。

.logopen：该命令表示将之后执行的命令和输出结果保存到本地文件，使用语法为.logopen <filename>，其中 filename 为本地文件的具体名称及路径。如果不设置 filename，之后执行的命令和输出结果会保存在 WinDbg 安装目录下（默认为 C:\Program Files (x86)\Windows Kits\11\Debuggers），文件名为 dbgeng.log，如图 11-17 所示。

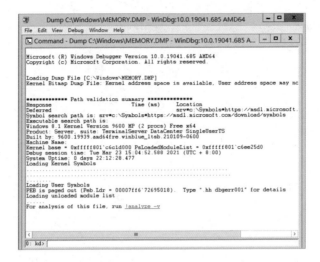

图 11-16 WinDbg 输出界面

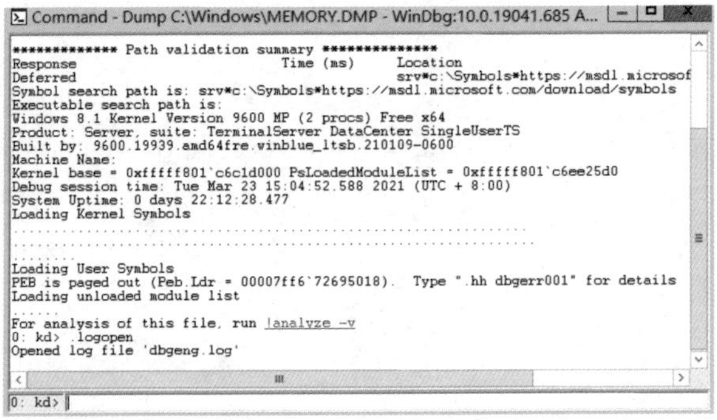

图 11-17 .logopen 命令

k*：该命令表示打印出当前线程的堆栈信息，如图 11-18 所示。参数不同，输出结果也不同，例如，kb 表示输出每个函数的前三个参数；kc 表示只输出模块名称和函数名称；kp 表示输出每个函数的所有参数。

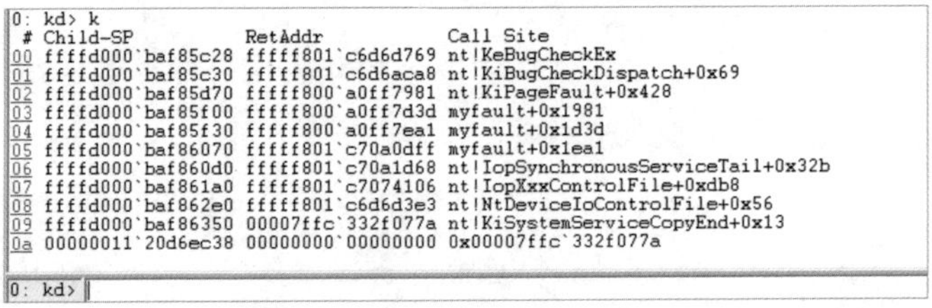

图 11-18 打印堆栈信息

lm*：该命令表示打印出模块的信息，如图 11-19 所示。不同参数，展示不同结果，lmo 仅输出当前被加载的模块；lml 仅输出加载了符号文件的模块；lmv 输出的信息是最全的，包括符号名称、模块名称、时间戳、版本号等信息。

```
0: kd> lm
start             end               module name
fffff800`9f000000 fffff800`9f06b000 spaceport    (deferred)
fffff800`9f07f000 fffff800`9f0fc000 mcupdate_GenuineIntel   (deferred)
fffff800`9f0fc000 fffff800`9f10a000 werkernel    (deferred)
fffff800`9f10a000 fffff800`9f16b000 CLFS         (deferred)
fffff800`9f16b000 fffff800`9f18d000 tm           (deferred)
fffff800`9f18d000 fffff800`9f1a2000 PSHED        (deferred)
fffff800`9f1a2000 fffff800`9f1ac000 BOOTVID      (deferred)
fffff800`9f1ac000 fffff800`9f1b7000 cmimcext     (deferred)
fffff800`9f200000 fffff800`9f28d000 cng          (deferred)
fffff800`9f292000 fffff800`9f31a000 CI           (deferred)
fffff800`9f31a000 fffff800`9f374000 msrpc        (deferred)
fffff800`9f374000 fffff800`9f3ba000 pci          (deferred)
```

图 11-19　打印模块信息

u*：对指定地址内容进行反编译，如图 11-20 所示。ub 表示反编译当前内存地址之前的内存地址；uu 表示对指定地址内容进行反编译时忽略读内存时的报错。

```
0: kd> u fffff800`a0ff7981
myfault+0x1981:
fffff800`a0ff7981 8b03           mov     eax,dword ptr [rbx]
fffff800`a0ff7983 488d9b00100000 lea     rbx,[rbx+1000h]
fffff800`a0ff798a 89442430       mov     dword ptr [rsp+30h],eax
fffff800`a0ff798e ebf1           jmp     myfault+0x1981 (fffff800`a0ff7981)
fffff800`a0ff7990 48895c2408     mov     qword ptr [rsp+8],rbx
fffff800`a0ff7995 57             push    rdi
fffff800`a0ff7996 4881ec30010000 sub     rsp,130h
fffff800`a0ff799d 488bbc2478010000 mov   rdi,qword ptr [rsp+178h]
```

图 11-20　对指定地址内容进行反编译

!locks：展示线程上资源的锁情况，如图 11-21 所示，对于系统存在死锁问题的情况很有帮助。

```
0: kd> !locks
**** DUMP OF ALL RESOURCE OBJECTS ****
KD: Scanning for held locks.............................

Resource @ 0xfffffe001a249b140    Exclusively owned
    Contention Count = 54574
    Threads: fffffe001a25be080-01<*>
KD: Scanning for held locks.............
19519 total locks, 1 locks currently held
```

图 11-21　资源的锁情况

!memusage：输出物理内存的使用情况，如图 11-22 所示。使用语法为!memusage [Flags]，其中 Flags 表示信息输出的级别，默认为 0。Flags 为 0 表示输出汇总信息以及 PFN（全称为 Page Frame Number，又称为页帧号）数据库中页面的详细信息；Flags 为 1 表示仅输出 PFN 数据库中已修改页面的汇总信息。

```
0: kd> !memusage
 loading PFN database
loading (100% complete)
Compiling memory usage data (99% Complete).
         Zeroed: 1705308 ( 6821232 kb)
           Free:       0 (       0 kb)
        Standby:  145125 (  580500 kb)
       Modified:    6164 (   24656 kb)
 ModifiedNoWrite:      0 (       0 kb)
   Active/Valid:  200226 (  800904 kb)
     Transition:       4 (      16 kb)
     SLIST/Temp:    3024 (   12096 kb)
            Bad:       0 (       0 kb)
        Unknown:       0 (       0 kb)
          TOTAL: 2059851 ( 8239404 kb)

Dangling Yes Commit:      0 (       0 kb)
 Dangling No Commit:   5732 (   22928 kb)
   Building kernel map
   Finished building kernel map
Scanning PFN database - (100% complete)  complete)
```

图 11-22　物理内存的使用情况

!vm：输出虚拟内存的使用情况，如图 11-23 所示，使用语法为!vm [Flags]，其中 Flags 表示信息输出的级别，默认为 0。Flags 为 0，输出系统虚拟内存使用情况以及进程使用内存的情况；Flags 为 1，输出的内容不包含进程使用虚拟内存的情况。

```
0: kd> !vm
Page File: \??\C:\pagefile.sys
  Current: 1966080 Kb  Free Space:  1966072 Kb
  Minimum: 1966080 Kb  Maximum:    25165824 Kb

Physical Memory:      2059851 (     8239404 Kb)
Available Pages:      1850433 (     7401732 Kb)
ResAvail Pages:       1989939 (     7959756 Kb)
Locked IO Pages:            0 (           0 Kb)
Free System PTEs:  4294563516 ( 17178254064 Kb)
Modified Pages:          6164 (       24656 Kb)
Modified PF Pages:       6160 (       24640 Kb)
Modified No Write Pages:    0 (           0 Kb)
NonPagedPool Usage:       349 (        1396 Kb)
NonPagedPoolNx Usage:   19683 (       78732 Kb)
NonPagedPool Max:  4294967296 ( 17179869184 Kb)
```

图 11-23　虚拟内存使用情况

!process：展示进程信息，如图 11-24 所示，使用语法为 !process [/s Session] [/m Module] [Process [Flags]]，其中/s Session 指定拥有进程的会话；/m Module 指定拥有进程的模块；Process 表示进程十六进制地址；Flags 表示输出信息的级别，Flags 为 0 展示最少信息，Flags 为 1 输出时间及优先级信息，Flags 为 2 输出该进程的所有线程信息以及等待状态。

```
0: kd> !process ffffe001a3093900 0
PROCESS ffffe001a3093900
    SessionId: 2  Cid: 089c    Peb: 7ff672695000  ParentCid: 0b5c
    DirBase: 146200000  ObjectTable: ffffc00052872d40  HandleCount: <Data Not Accessible>
    Image: notmyfault64.exe
```

图 11-24　进程信息

!thread：展示线程信息，如图 11-25 所示，使用语法为!thread [-p] [-t] [Address

[Flags]]，其中-p 表示输出线程对应的进程信息；-t 表示输入线程 ID；Address 表示线程的十六进制地址；Flags 表示输出信息的级别，Flags 为 0 展示最少信息，默认是 0x6，Flags 为 2 输出线程的等待状态。

```
0: kd> !thread ffffe001a3099880
THREAD ffffe001a3099880  Cid 089c.08ec  Teb: 00007ff67269e000 Win32Thread: fffff901407f7b50 RUNNING on processor 0
IRP List:
    ffffe001a1bf1ac0: (0006,0118) Flags: 00060000  Mdl: 00000000
Not impersonating
DeviceMap                 ffffc000503000e0
Owning Process            ffffe001a3093900       Image:         notmyfault64.exe
Attached Process          N/A                    Image:         N/A
Wait Start TickCount      5116702        Ticks: 0
Context Switch Count      1788           IdealProcessor: 0
UserTime                  00:00:00.000
KernelTime                00:00:00.046
Win32 Start Address 0x00007ff672c75384
Stack Init ffffd000baf86550 Current ffffd000baf85f70
Base ffffd000baf87000 Limit ffffd000baf80000 Call 0000000000000000
Priority 12 BasePriority 8 PriorityDecrement 2 IoPriority 2 PagePriority 5
Child-SP          RetAddr           : Args to Child                                                           : Call Site
ffffd000`baf85c28 fffff801`c6d6d769 : 00000000`0000000a ffffc000`572cd010 00000000`00000002 00000000`00000001 : nt!KeBugCheckEx
ffffd000`baf85c30 fffff801`c6d6aca8 : 00000000`00000000 00000000`00000000 fffff801`c73a06b5 : nt!KiBugCheckDispatch+0x69
ffffd000`baf85d70 fffff800`a0ff7981 : 00000000`00000000 ffffe001`a2feee50 fffff801`00000000 ffffe001`00000081 : nt!KiPageFault+0x428 (TrapFrame
ffffd000`baf85f00 fffff800`a0ff7d3d : 00000000`33000420 00000000`00000001 00000000`00000000 00000000`00000000 : myfault+0x1981
ffffd000`baf85f30 fffff800`a0ff7eal : 00000000`00000002 00000000`00000000 00000011`20d6f178 00000000`00000001 : myfault+0x1d3d
ffffd000`baf86070 fffff801`c70a0dff : 00000000`00000000 ffffe001`a2feaca0 ffffe001`a2feaca0 00000000`00000000 : myfault+0x1ea1
ffffd000`baf860d0 fffff801`c70a1d68 : ffffe001`a2feac04 ffffe001`a2feaca0 00000000`00000000 ffffe001`a2feaca0 : nt!IopSynchronousServiceTail+0x
ffffd000`baf861a0 fffff801`c7074106 : ffffe001`a2feaca0 fffff901`407f7b50 00000000`00000000 00000000`00000000 : nt!IopXxxControlFile+0xdb8
ffffd000`baf862e0 fffff800`c6d6d3e3 : 00000000`00000000 fffff1960`0215ec7 00000000`00000000 00000000`0004022a : nt!NtDeviceIoControlFile+0x56
ffffd000`baf86350 00007ffc`332f077a : 00000000`00000000 00000000`00000000 00000000`00000000 00000000`00000000 : nt!KiSystemServiceCopyEnd+0x13
00000011`20d6ec38 00000000`00000000 : 00000000`00000000 00000000`00000000 00000000`00000000 00000000`00000000 : 0x00007ffc`332f077a
```

图 11-25　线程信息

!analyze：输出当前异常或 bug（缺陷）检查的信息，如图 11-26 所示，使用语法为!analyze [-v] [-f | -hang] [-D BucketID]，其中-v 显示详细信息；-f 输出对异常的分析；-hang 输出对死机问题的分析，对于内核转储文件，-hang 对系统层面资源锁进程进行分析。

```
1: kd> !analyze
*******************************************************************************
*                                                                             *
*                        Bugcheck Analysis                                    *
*                                                                             *
*******************************************************************************

CRITICAL_OBJECT_TERMINATION (f4)
A process or thread crucial to system operation has unexpectedly exited or been
terminated.
Several processes and threads are necessary for the operation of the
system; when they are terminated (for any reason), the system can no
longer function.
Arguments:
Arg1: 0000000000000003, Process
Arg2: fffffa8007ecd060, Terminating object
Arg3: fffffa8007ecd340, Process image file name
Arg4: fffff800017a8b90, Explanatory message (ascii)

Debugging Details:
------------------
```

图 11-26　缺陷检查信息

更多命令以及命令使用语法可以通过 WinDbg Help（帮助）功能获取，如图 11-27 所示。

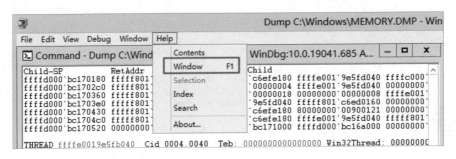

图 11-27 帮助功能

11.4 内存转储实例分析

Windows 服务器发生蓝屏重启后，生成了 memory.dmp 转储文件，使用 WinDbg 打开 memory.dmp，执行命令!analyze –v，输出结果如下。

```
1: kd> !analyze -v
*******************************************************
*                                                     *
*                 Bugcheck Analysis                   *
*                                                     *
*******************************************************

CRITICAL_OBJECT_TERMINATION (f4)
A process or thread crucial to system operation has unexpectedly exited
or been
terminated.
Several processes and threads are necessary for the operation of the
system; when they are terminated (for any reason), the system can no
longer function.
```

从输出结果可以看到，蓝屏报错代码为 f4，这表示有系统关键进程或线程意外退出或者被终止了。有些进程/线程对系统来说非常重要，当这些进程/线程意外退出或被终止后系统无法正常工作，会触发蓝屏。

该蓝屏报错代码包含 4 个参数，参数的具体定义可参考表 11-1。

表 11-1　报错代码详细信息

参　　数	描　　述
1	表示被终止的是进程还是线程 0x3 表示是进程；0x6 表示是线程
2	表示被终止的进程/线程的地址
3	表示被终止的进程/线程的名称
4	指向包含说明性消息的 ASCII 码字符串的指针

本示例中参数信息如下，第一个参数为 0x3，表示被终止的是进程，第二个参数表示被终止的进程地址是 fffffa8007ecd060。

```
Arguments:
Arg1: 0000000000000003, Process
Arg2: fffffa8007ecd060, Terminating object
Arg3: fffffa8007ecd340, Process image file name
Arg4: fffff800017a8b90, Explanatory message (ascii)
```

执行命令!process fffffa8007ecd060，得到如下进程信息，被终止的进程名称是 csrss.exe，csrss.exe 进程是系统关键进程，不可以被终止，如果被终止，会导致系统蓝屏。

```
1: kd> !process fffffa8007ecd060
PROCESS fffffa8007ecd060
    SessionId: 0 Cid: 0138    Peb: 7fffffdb000  ParentCid: 0124
    DirBase: 21ba19000 ObjectTable: fffff8a0013331e0 HandleCount: 493.
    Image: csrss.exe
    VadRoot fffffa8007fd1230 Vads 97 Clone 0 Private 407. Modified 249.
Locked 0.
    DeviceMap fffff8a000008bc0
    Token                            fffff8a000a30060
    ElapsedTime                      00:02:12.381
    UserTime                         00:00:00.000
    KernelTime                       00:00:00.015
    QuotaPoolUsage[PagedPool]        269136
    QuotaPoolUsage[NonPagedPool]     11648
    Working Set Sizes (now,min,max)  (1439, 50, 345) (5756KB, 200KB,
1380KB)
    PeakWorkingSetSize               1439
    VirtualSize                      111 Mb
    PeakVirtualSize                  112 Mb
    PageFaultCount                   1889
```

```
    MemoryPriority                    BACKGROUND
    BasePriority                      13
    CommitCharge                      546
```

接下来查看是什么终止了 csrss.exe。执行命令!thread -1，查看当时正在运行的线程，输出结果如下，是 procexp64.exe 执行了终止进程的操作。

```
1: kd> !thread -1
THREAD fffffa8008901300 Cid 052c.05f0 Teb: 000007fffffde000
Win32Thread: fffff900c2007011 RUNNING on processor 1
Not impersonating
DeviceMap                 fffff8a000c45180
Owning Process            fffffa800905a5e0    Image:    procexp64.exe
Attached Process          N/A         Image:         N/A
Wait Start TickCount      9032        Ticks: 0
Context Switch Count      5940        IdealProcessor: 0        LargeStack
UserTime                  00:00:00.015
KernelTime                00:00:00.343
Win32 Start Address 0x000000014005e184
Stack Init fffff88004b64c70 Current fffff88004b64211
Base fffff88004b65000 Limit fffff88004b5a000 Call 0000000000000000
Priority 15 BasePriority 13 PriorityDecrement 1 IoPriority 2
PagePriority 5
Child-SP        RetAddr        : Args to
Child                                      : Call Site
fffff880`04b649d8 fffff800`018132b2 : 00000000`000000f4
00000000`00000003 fffffa80`07ecd060 fffffa80`07ecd340 : nt!KeBugCheckEx
fffff880`04b649e0 fffff800`017d12b6 : 00000000`00000001
fffffa80`08901300 fffffa80`07ecd060 fffffa80`0905a5e0 :
nt!PspCatchCriticalBreak+0x92
fffff880`04b64a20 fffff800`018df274 : 00000000`00000001
00000000`0000031c fffffa80`07ecd060 fffffa80`00000008 :
nt! ?? ::NNGAKEGL::`string'+0x24a66
fffff880`04b64a70 fffff800`014f3f53 : 00000000`0000031c
fffffa80`08901300 fffffa80`07ecd060 00000000`00000020 :
nt!NtTerminateProcess+0x284
fffff880`04b64ae0 00000000`778a9a6a : 00000000`00000000
00000000`00000000 00000000`00000000 00000000`00000000 :
nt!KiSystemServiceCopyEnd+0x13 (TrapFrame @ fffff880`04b64ae0)
00000000`0028e7b8 00000000`00000000 : 00000000`00000000
00000000`00000000 00000000`00000000 00000000`00000000 : 0x778a9a6a
```

之后需要排查当时登录的账户信息，执行命令!process fffffa800905a5e0 1，查

看 procexp64.exe 对应的 token（口令）信息，输出结果如下，token 地址为
fffff8a003a59a30。

```
1: kd> !process fffffa800905a5e0 1
PROCESS fffffa800905a5e0
    SessionId: 2  Cid: 052c    Peb: 7fffffd6000  ParentCid: 08dc
    DirBase: 1ca703000  ObjectTable: fffff8a003947680  HandleCount: 394.
    Image: procexp64.exe
    VadRoot fffffa80090abcc0 Vads 185 Clone 0 Private 2590. Modified
62675. Locked 0.
    DeviceMap fffff8a000c45180
    Token                              fffff8a003a59a30
    ElapsedTime                        00:00:27.018
    UserTime                           00:00:00.119
    KernelTime                         00:00:00.203
    QuotaPoolUsage[PagedPool]          270144
    QuotaPoolUsage[NonPagedPool]       25152
    Working Set Sizes (now,min,max)  (6226, 50, 345) (24904KB, 200KB,
1380KB)
    PeakWorkingSetSize                 6229
    VirtualSize                        143 Mb
    PeakVirtualSize                    143 Mb
    PageFaultCount                     77834
    MemoryPriority                     FOREGROUND
    BasePriority                       13
    CommitCharge                       3348
```

执行命令!token fffff8a003a59a30，查看 token 对应的账户，输出结果如下。用
户的 SID 为 S-1-5-21-1700539121-1815790943-2411817062-500。

```
1: kd> !token fffff8a003a59a30
_TOKEN 0xfffff8a003a59a30
TS Session ID: 0x2
User: S-1-5-21-1700539121-1815790943-2411817062-500
```

从以上内存转储文件分析，确认是 SID 为 S-1-5-21-1700539121-1815790943-
2411817062-500 通过 procexp64.exe 进程终止了系统关键进程 csrss.exe，导致了蓝
屏的发生。

之后需要登录发生了蓝屏的 Windows 服务器，确认 SID 为 S-1-5-21-
1700539121-1815790943-2411817062-500 归属的用户。登录服务器后，在命令行

中执行 regedit，打开注册表，如图 11-28 所示。

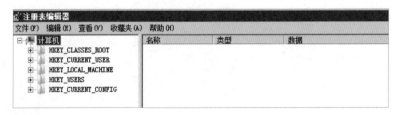

图 11-28　打开注册表

找到 HKEY_LOCAL_MACHINE\SOFTWARE\Microsoft\Windows NT\
CurrentVersion \ProfileList \ S-1-5-21-1700539121-1815790943-2411817062-500，由
其 ProfileImagePath 项确认该 SID 是 Administrator（管理员）账户，如图 11-29 所示。

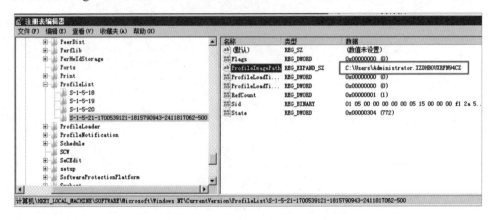

图 11-29　查找 SID 对应的账户